JAMCOVERの雑貨とおやつ

オザワリエ

JAMCOVER no ZAKKA to OYATSU

*

RIE OZAWA

anonima st.

はじめに

みなさん、雑貨とおやつはお好きですか？
私は「雑貨」も「おやつ」も大好きです。

私、オザワリエはJAMCOVER（ジャムカバー）という雑貨愛がちょっとすぎる雑貨店を20年営んでいます。

高校生くらいから雑貨を集め、インテリア雑貨のお店に勤め、独立してJAMCOVERをはじめたので、かれこれ30年くらいは毎日好きな雑貨と一緒に暮らしてきました。

朝、昼、晩。いつでも、どこでも。雑貨を見て、感じ、考え、集め、デザインし、作る暮らしを送っています。

私は自分が好きなものや求めている雑貨を身の回りに置くことで気持ちが安らぎ、日々が充実するタイプなので、この仕事は天職だと思っています。

「雑貨が好きな訳」は色々ありますが、自由でいられることかもしれません。「雑貨はこうでなければならない」という固定概念はないので、今まで一般的には「雑貨」ではなかったあらゆるものを、新しく雑貨としてとらえることができるのです。

例えば、飴が入っている缶も、デザインが素晴らしくて飾っておきたくなるほど可愛いものは雑貨です。たぬきのケーキも、子供の手描きの落書きも、私にとっては雑貨です。古い喫茶店の窓のお花のカッティングシートや、マンホールの図案など、会いに行かなければ出会えない雑貨もありますね。

「おやつ」も「雑貨」によく似ています。「おやつ」のことや「おやつの時間」のことを考えるだけでにんまりしてしまうところとか、満ち足りた気持ちになれるところも。一生懸命探すことが、誰かの笑顔につながっているところも。見つけることも大きな楽しみです。「雑貨なおやつ」にはなかなか出会えないので、偶然、出会えた時の喜びは小さな小さな奇跡です。

さらに、見て楽しくて、食べておいしくて、その時間が幸せなんて、最高ですよね？

この本の中には、私の愛する雑貨が詰まっています。

小さなエピソードや雑貨にまつわる話なども書きました。

この本を読んでいる時間を、「雑貨」や「おやつ」のように楽しんでいただけたら、とてもうれしいです。

JAMCOVER オザワリエ

Contents...

誰かのため、自分のために。記念や思い出付きで大切にしたい雑貨たち。

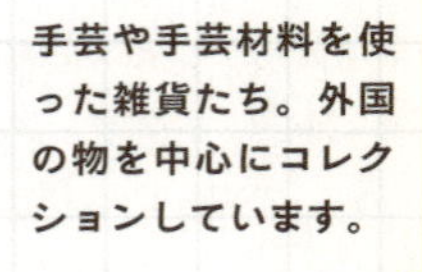

手芸や手芸材料を使った雑貨たち。外国の物を中心にコレクションしています。

外国の珍しい民芸品や文化を感じる雑貨など。人懐っこい素朴な雰囲気です。

『可愛いパッケージ研究所』では、デザインの優れた食べものを探し求めて、コレクションしています。全国から集めた、おいしくって可愛い食べもの！

Column

About This Book

JAMCOVERの雑貨の世界観は、ちょっと普通とは変わっているかもしれません。
「それも雑貨なの？」とお思いの物があるかもしれませんが、本文中に、つぶやきに近い小さな話をたくさん書きました。どうしてそれを雑貨だと思っているのかは、読み進めていくと、なんとなくわかっていただけるかなと思います。

この本では、私が今までコレクションしてきた雑貨をご紹介します。
一部はJAMCOVERで販売している物もありますが、もともと数が少ない物、ほとんど一点物に近いヴィンテージ、生産が終了してしまった物もあります。
各アイテムに掲載している国名は、生産された国ではない物もあると思います。なにせ古い物も多く、情報がない物は、買った国名で記載しました。

Souvenir

スーベニールは何度も旅をする

古いスーベニールが好きです。

古いお土産屋さんや問屋さん、セカンドハンドショップやバザール、蚤の市にガレージセール。

いたるところで、人々の旅のかけらに出会うことができます。

色あせたポストカード、水の減ったスノードーム、1体足りないマトリョーシカ、錆びたチェーンのキーホルダー、クッキーが入っていた缶、ホテルの名前が入ったボールペン。ほこりや他のガラクタに隠れるようにして、私を待っている雑貨を探し出すのが使命だと思っています。他に色々あるのに、なぜかものすごく惹かれるものは新品ではないものばかり。

観光地が書いてあれば、スーベニールの出身地がわかるので、素人探偵として私が辿ってきた経緯を推理（妄想）します。

ブリュッセルのJeu de balle広場の蚤の市は、プロも素人もごっちゃまぜで賑やかなガラクタ市。

ガラクタみたいな商品を載せている風呂敷みたいな布を、帰るときはそのまま商品を全部包んで、端と端を結んで閉店。所要時間1分。次に来たら、開いて5分で開店みたいな（一応、並べているので）お店に出会っちゃいます。そんな強者のお店には、「なんで？」というものがたくさんあります（やっぱり！）。ガラクタのようなものの中で、キラキラ光って見えるものがあります。そうです。私が手に取るのを待っていてくれるのです。

例えば、こんなブローチ。

ブリュッセル（ベルギー）の市で、サンモリッツの文字とエーデルワイスモチーフのブローチ（スイス？）が、エッフェル塔のイラストが描かれた紙袋（フランス？）に入っている。

1962年パリ在住の孫娘「ソフィー」が、スイスのウィンタースポーツで有名なサンモリッツのおじいちゃんの家に遊びに行った時。街のお土産屋さんでおじいちゃんが買ってくれた「エーデルワイスのブローチ」をパリに持って帰りました。しばらく気に入って使っていたものの、時代が変わりファッションに合わせにくくなって、屋根裏の古いチェストの小さな引き出しにしまいこんでしまいました。

時が過ぎ、2011年「ソフィー」の娘「カーラ」がブリュッセルの大学に進学し、寮に入るためにパリの家から小さめの家財道具と一緒に引っ越しすることに。ところが寮の部屋が想定外に小さく家具が持ち込めず、ソフィーとも相談して、ブリュッセルのガラクタ屋にチェストを引き取ってもらうことに。ガラクタ屋の店主がチェストをキレイにするため掃除をしていると、小さな引き出しの奥にエッフェル塔イラストの紙袋が引っかかっていたのを見つけました。袋を覗いてみると「エーデルワイスのブローチ」が入っていました。店主は後日、それをJeu de balle広場の蚤の市に持って行き並べました。

ここまでは推理（妄想）。

ここから現実。

そこへ、日本人らしきハンター（私）が登場。品々を見渡して、エッフェル塔の紙袋に視線がロックオン。素早く手にとると、中には懐かしい時代の香りがするブローチを発見。もちろん秒殺で購入決定。日本へ連れて帰り、磨いてお店に並べることにしました。

ここから可能性。

JAMCOVERでこれを手に入れた人がどこかへ旅をして、ブローチが他の人の手に渡って、また違う国へ旅をするかもしれません。

そんな風に、そのブローチの長い旅の途中で出会った人間の一人であることをうれしく思うのです。

雑貨屋さんは雑貨だけでなく、旅のかけらも売っているというお話。

さあ、ハンターの目線でお気に入りを探してみてください。

Item: キーホルダー
Country: フランス

パリのクリニャンクールの蚤の市付近で買いました。キーホルダー専門のお店などって、ノベルティが多いのですが、これはパリ100%のデッドストックのお土産タイプです。フランスは可愛いものがたくさんあるキーホルダー天国です。

Item: スノードーム
Country: フランス

お土産の定番、スノードーム。このスノードームはカレンダーの台座付き。エーデルワイスのお花もボリュームがあって完璧なデザインです。パリのオペルカンフ界隈のアンティーク屋さんで珍しく買いました。

Item: カウベル
Country: スイス

「スイスのお土産は何が良い？」って友達に聞かれた時に、迷わず「大きなカウベル！」って頼みました。音もチロリアンリボンも装飾も大好き。ハイジ世代だからでしょうか？ 音をきくとスイスのマイエンフェルトの山小屋を思い浮かべてしまいます。

Item: マトリョーシカの鍋敷き
Country: ロシア

ロシアのおばあちゃんが手作りし、市場などで売っているものです。生地もデザインも気ままに作られた完全１点物。もったいなくて鍋敷きに使えず、壁に飾って楽しんでいます。冒険な生地合わせもあり、おばあちゃんメイドから目が離せません。

Item: 金色チェブラーシカ
Country: ロシア

テラテラと金色に輝くチェブラーシカさん？ 手作りっぽいです。何を塗ったらこんな金色になるだろうと思うくらいつきぬけた金色。チェブちゃんなのに。金運上がりそうなので部屋の西側にディスプレイしようかな。

Item: パイプ風置き物
Country: スイス

アルペンホルン風なのか、パイプなのか、なんだかわからないけど、魅力がたっぷりつまっているスイスのお土産品。しょぼしょぼの転写のプリントや鳴りそうで鳴らない形状に肩入れしてしまう自分がおります。

Item: マトリョーシカのミトン
Country: ロシア

もっと可愛い子もいるのについ選んでしまったピンクの微妙な顔のマトちゃんミトン。ロシア婦人の手作りだと思います。それにしてもロシア婦人は山道テープの使い方が面白い。ちなみに裏地は超大きい水玉柄です。

Item:　大きな色えんぴつ
Country: ロシア

クマもマトリョーシカも大きな色えんぴつです。どこまで芯が詰まっているのかわからないので実際に使ったことはありません。マトリョの部分はちゃんと３つ入れ子のマトリョが入っています。木のボディ部分のイラストが伝統的なのも良いですね。

Item:　キャニスター
Country: フランス

エキゾチックなマトリョーシカが５体描かれているキャニスター。かなり顔や衣装も濃いです。フランスの蚤の市で出会いましたが、ロシアのものか、フランスのものか不明です。とにかく、マトリョマニアにはたまりません。

Item:　マトリョーシカ
　　　スパイス入れ
Country: ロシア

珍しい陶器製のマトリョーシカスパイス入れセットです。トレーに描かれているモチーフもロシア的でグっときます。白地に黒、ペパーミントグリーン、赤の彩色、組合せがデザインの勉強になります。もったいなくて使いませんけど。

Item: キノコおじさん
Country: ロシア

３コ並ぶ姿を見るとまるでマトリョですが、入れ子になっていないのでマトリョじゃありません。一番大きいサイズのおじさんにソーイングセットなどを入れて、中間のサイズのおじさんの中にはピンクッションが！ 一番小さいおじさんは開きません！ そんなオチ！

Item: 四角いキャニスター
Country: イギリス

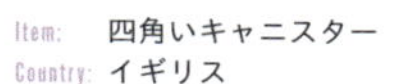

20年前くらいに手に入れたアイテムです。変色してるし、へこんだり、絵がかすれたりしているけど、とてもお気に入りのキャニスター。フタが蝶番で固定されています。隙のないデザインなので目に入るたび、しげしげと見てしまいます。

Item: イヌイットちゃん
Country: 不明

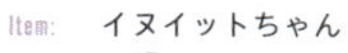

ラビットファーのコートを着たかわい子ちゃん。どこの国からきたのか忘れてしまいました。なんだかほっとするキャラクターです。ラビットファーをうちのネコちゃんに狙われるので、ネコのいないところに飾ってます。

Item: おうちと仲間たち
Country: ロシア

ロシアのむかし話「動物の家」をモチーフにしたおもちゃです。カエルくんが森のおうちに住み始めると、色々な動物がおうちに住まわせてとやってきます。最後にきたクマさんが大きくておうちが壊れてしまい、またみんなでおうちを作って仲良く暮らしましたというお話だそうです。

14

Item: 女の子の置き物
Country: リトアニア

小さな小さな8cmの女の子の木の置き物です。小さすぎるし、可愛すぎる。そしてふしぎなフォルム。こういうタイプの置き物はここに置くしかないというベストポジションがなぜか見つかるタイプ。納得の置き場所まだ探り中です。

Item: カメの
マトリョーシカ
Country: ロシア

珍しい四つ足で立っているカメのマトリョーシカ。甲羅を開けると中には子亀が入っています。その子亀の甲羅を開けるともっと小さい子亀が入ってます。並べる時はやっぱり縦に三段乗せて楽しみます。

Item: てんとう虫の
マトリョーシカ
Country: ロシア

この子も四つ足タイプ。しかも触角がついているレアものです。中には子てんとう虫ともっと小さい子てんとう虫が入っています。近頃のマトリョはキャラクター化してるのもありますね。

Item: ミルクのみ
ネコちゃん
Country: エストニア

木でできたネコの置き物です。多分ツボに入ったミルクを飲もうとして首をかしげているのだと思います。おヒゲだけはナイロンをつけていてデザインの中にリズムを感じます。おヒゲがツンツンしていていいね。

Item: マトリョーシカ
Country: ロシア

クマさんの形が大好きです。超安定していますね。この子は4個入りのマトリョーシカ。クマの中におじいさんが、おじいさんの中におばあさんが、おばあさんの中に女の子が入っています。

Item: 飾り皿
Country: ハンガリー

伝統的な図案や植物の鉄のプレートに写真の転写などテイストが色々な４枚の飾り皿です。ハンガリーは刺しゅうだけではなく、ハンドペイントも有名なので見応えがあります。チープ感もありぐっときますね。

Item: ワンちゃんのぬいぐるみ
Country: フランス

やけにシュッとしている４本足で立っているワンちゃんのぬいぐるみ。中身がワラなので、結構古い時代の子なんだと思います。フランスやベルギーでは４本足立ちワンちゃんに会えることが多いですね。

Item: フクロウの置き物
Country: 不明

香川の「古書玉椿」で一目惚れして、オーナーの石井さんにお願いして譲って頂きました。その時のフクロウさんは本の森の上に思慮深そうに座って私を見下ろしていらっしゃいました。夜、誰もいなくなると彼はホーホー鳴いてます。きっとね。

Item: パイプ
Country: ベルギー

パイプのモチーフが好きです。このパイプ達はBRUYEREというメーカーものです。私の中でホルン同様、ヨーロッパならではのアイテムというイメージ。パイプモチーフだけでも満足なのですが、本物のパイプの古いものには震えます。

Item: お菓子型
Country: タイ

丈夫とか安全ということよりも、自由を感じる勢いのあるお菓子の型。二つともウサギなのでミルクプリンや牛乳カンなど白い形にして、ジャムやクコの実などで真っ赤な目をつけたらウサギちゃんが生き生きしてきそうですよね？

Item: 王冠付きの
ベルリンベア
Country: ドイツ

黒いつぶらな目が可愛いベルリンからやってきたクマのぬいぐるみです。コインのペンダントには「BERLIN HAUPTSTADT DER DDR」の文字がコインに刻まれています。もけもけで可愛い！

Item: バッジ
Country: ソビエト連邦

ソビエト連邦地域などで出てくるバッジ達。ロシアやエストニアでもあります。私はベルリンのアルコナプラッツの蚤の市でたくさん発掘しました。物語やキャラクター、オリンピックものなど色々あって楽しいです。

Item: チェブちゃん風
壁かけ
Country: ハンガリー

ロシアのおばあちゃんの手作り市場で売ってました。目がパーツになっていたり、ラメに山道テープでアウトラインをとったりと手芸的にはビックリがつまっていますが、それにも負けない愛がつまっているので納得。

Item: マトリョーシカ
Country: ハンガリー

めずらしいハンガリーのマトリョーシカ。フォルムがロシアの物とは違いますね。中に５人のおばちゃまが入っています。色合いもシックで新鮮です。東京の「チェドック」さんで一目惚れ！ 即購入させて頂きました。

Item: 海賊マトリョーシカ
Country: フランス

フランスで買った海賊マトリョーシカ。船長さんから、どんどん悪い人になっていく悪いマトリョーシカ達。まったくピュアな感じがいたしません。そして４個目も見つかりません！ 元々あったのかどうか記憶がありませんので謎。

Item: ネコの置き物
Country: チェコ

ネコ男爵様扱いです。目は光らないけども。手のひらがマグネットになっているので、仲間と手をつなぐことができます。ちなみにしっぽはラビットファー。フッサフサです。今まで見てきたクロネコちゃんの中でも一番鋭い眼光です。

Item: クマのぬいぐるみ
Country: エストニア

超化繊のボアのクマちゃんです。年代は古くありませんが少し寄り目でぽっちゃりしているお腹が好きです。んっ？ぷっくりしているのはお腹じゃなくて手なのかな？よくわからないけど好きなことに変わりはないです。

Item: サボ
Country: スウェーデン

15年前くらい下北沢の洋服屋さんで買った覚えが。赤い革にお花をハンドペイント、中敷きの女の子のイラストもグッジョブなサボ。なのにー、うちのネコがツメでひっかきました！　コラー。宝物なのにしくしく。

Item:　トリのオルゴール
Country: ドイツ

外側の素朴さと裏腹に電子オルゴールです。ドイツのマウアーパークのフローマルクト（蚤の市）で出会いました。蚤の市ではちゃんと並べるお店と段ボールに入れたままのお店がありますが、この子は後者でしたので愛着も大きいです。

Item:　衛兵ブラシ
Country: 日本

帽子の部分がボアブラシになっています。以前、富岡八幡宮の蚤の市で手に入れたもの。おそらく日本製だと思います。当時の外国への憧れと雑貨心が活かされている良いデザインだと思いませんか？

Item:　エーデルワイスの
　　　お皿
Country: スイス

木のお皿にハンドペイントでエーデルワイスや高山植物が描かれている壁掛け用の飾り皿です。昔のスーベニールは包まれている空気も穏やかで、そんな雑貨を飾ると穏やかな佇まいになるので大好きです。

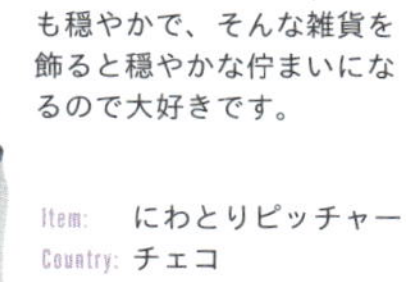

Item:　にわとりピッチャー
Country: チェコ

にわとりのしっぽから注ぐタイプのピッチャー。普通だったらくちばしのほうに注ぎ口を作ると思うのですが、なぜかしっぽ。そこがたまりません。形も柄のつけ方も大好きで自身の作陶で模倣してみますが上手くできないです。ムムム。

Item: ホーローマグカップ
Country: 中国

ネコとボールのモダンなデザインがお気に入りのマグカップです。ホーローがちょっと割れていますがとても大事にしています。フランスで手に入れたけど、中国製でしたね。

Item: ガロのベル
Country: ポルトガル

鋳物でできたテーブルベルです。ポルトガルのラッキーモチーフって知ってますか？ 答えはオンドリの「ガロちゃん」です。むかし、冤罪で死刑になりそうな人をオンドリが救ったことから、幸せになれるという伝説のラッキーアイテムです。

Item: おうちの
スライドカメラ
Country: 西ドイツ

ファインダーをのぞき、スイッチやレバーを動かすと、スライドのように８枚くらいの写真を見ることができます。昔、日本でも流行ったお土産物です。

Item: ボトルシップ
スノードーム
Country: フランス

フランスで買って日本に送った際に割れてしまったので、お水が入っておりません。本来は水が入っていて、ボトルシップ風スノードームなんです。雪がラメだし、ヴィンテージではないのですが、気に入ってます。

Item: 飾り皿
Country: デンマーク

「Royal Copenhagen 社」のイヤープレートが有名ですが、これは Mother's Day（母の日）プレートです。1971～ 82年までの間製造されていたものです。このプレートは1971年と1977年のものです。素朴な雰囲気があって好きなのです。

Item: スノードーム
Country: フランス

お土産用の定番スノードーム。これは冬のパリのヴァンブの蚤の市で買いました。息が真っ白になるくらいの寒さの中、涼しげなヨットのスノードームを買ったことを面白く感じました。

Item: キャニスター
Country: フランス

パリの街角らしいおしゃれな人々。カフェの一角の風景かな。パラソルも色とりどりでわくわくしますね。エッフェル塔や凱旋門も描かれていて気に入っているキャニスターです。コテコテですけど。

Item: ベルリンベア
Country: ドイツ

「Berlin」タスキがほこらしげなクマのぬいぐるみです。ベルリンの街の象徴であり、街のアイドルのベルリンベア。ベルリン市民に愛されています。街を歩くと色々な大きなクマちゃんの置き物が迎えてくれる、クマ好きにうれしい街です。

Item: ツバメの壁飾り
Country: ポルトガル

ブリキ製で、壁面だけでなく空間に飾っても良い感じですよ。リスボンから2時間くらい離れた村で作られているそうです。ちなみにポルトガル語でツバメは「アンドリーニャ」です。

Item: フクロウの置き物
Country: ベルギー

ベルギーのガラクタ市で、フクロウばかりを売っていた謎の青年から入手した素朴なフクロウさん。一見軽そうですが、わりと重量感ございます。においをかいだら異国の香りがしました。

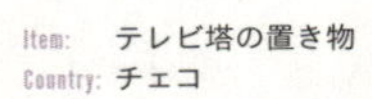

Item: テレビ塔の置き物
Country: チェコ

チェコのアンティークショップとリサイクルショップの間のテイストのお店で見つけてきたテレビ塔です。プラハでもベルリンでもなく、どこのテレビ塔だろう。気になります。

Item: ネコの壁飾り
Country: ポルトガル

ポルトガルの小さな町の工場で1つずつ作られている壁飾りです。鉄でできているので磁石が付くところだったらどこでも飾ることが可能。目がびっくりしすぎですが、そんなびっくり顔のネコちゃんたまに見ませんか？

Item: 笛吹きの男の子の人形
Country: チェコ

赤いほっぺがチャームポイントの男の子。洋服が良いですね。チェコで買ってきたので、どこかチェコの民族衣装かもしれません。素材が木と布がメインなのになぜかお鼻だけプラスチック。そんな違和感さえ彼の魅力なんです。

Handi Craft

Item:　小さなモールの人形
Country: ハンガリー

ハンガリーのモールはもふもふで太いものがあるのをこの人形を見て知りました。ライオン、クロネコ、キツネです。表情ともふもふ感がたまりません！ 残念ながら、この人形は現在は生産終了しました。

Item:　ヴィンテージ糸巻き
Country: フランス、チェコ

デザインがステキな台紙にメロメロです。台紙もあまり頑丈な紙じゃなくて素朴な紙が使われていて微笑ましいです。古いウールの糸がキュートさをUPしていますね。

Item:　ミニチュアミシン
Country: イギリス

イギリスらしい重厚なデザインと頑丈さがある手まわし型のミシンです。渋いグリーンの色もたまりません。子供用の「トイミシン」というよりは、工業用のミニチュアといったほうがしっくりきます。

Item: 針セット
Country: オランダ

表紙のイラストや色が絶妙なデザインの針セット。109本の針、糸通し、とじ針も入ってます。風景と動物たちがものすごくステキなのでクリアなフレームに入れてアトリエに飾ってます。

Item: キルト作りと
コレクションの本
Country: アメリカ

1949年出版の本です。アップリケ、パッチワークなどの可愛いパターンが100個以上掲載されています。色々なキルトやパターンがあって楽しく学べます。

Item: 柄生地
Country: ロシア、チェコ、ドイツ

古いテーブルクロスや枕カバーなど色々な生地です。これはお花のものが多いですね。繊細なものより、少しデフォルメされているもののほうが好きなので、JAMCOVERのテイストはPOPといわれることが多いです。

Item: 刺しゅうの図案集
Country: ハンガリー

1966年刊行。刺しゅう図案がものすごくたくさん載っています。白黒の線画だけではなく、カラーでの提案でより魅力的に。洋服やエプロン、テーブルクロス、ランチョンマット、バッグ、スリッパ。手仕事が盛んな国とはいえ、すばらしいの一言。

Item: 刺しゅうフレーム
Country: フランス

「おやすみなさい こどもたち」のキャラクターを刺しゅうし額装したものです。フランス・リールの旧市街の古本がたくさん売っていた寺院のようなところで山ほどの本に交ざっていたところを発見しました。私のことを待ってたんだなぁと勝手に感動。

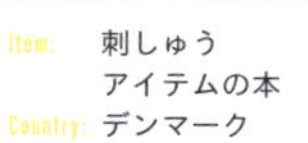

Item: 刺しゅう
アイテムの本
Country: デンマーク

1967年刊行。北欧らしい冬の家の中を飾る刺しゅうで作るアイテムがたくさん載っています。クロスステッチ刺しゅう、カラーページのクオリティが高く、どのページもポストカードにしたいほどです。

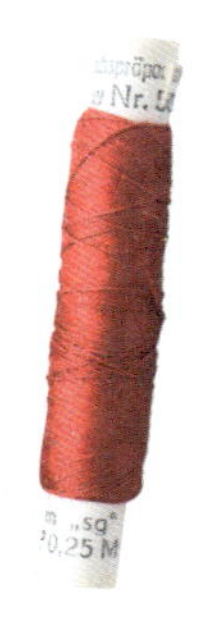

Item: 細長紙糸巻き
Country: 色々な国

意識しないうちに集まってくるアイテムのひとつ。蚤の市などでボタンや生地を買った時のおまけとか、ソーイングケースや古い缶を買ったら入ってたとか。そんな時はもちろん大喜びです。

Item: 巻きバイアステープ
Country: ブラジル

バイアステープの可愛い物って探すと意外にないんです。これは東京・湯島の「nico」さんで見つけて、わけてもらったバイアステープ。お花柄とレジメンタルストライプ柄です。生地合わせを考えるだけで幸せ。台紙にいるお色気ネコちゃんが、また良いのです。

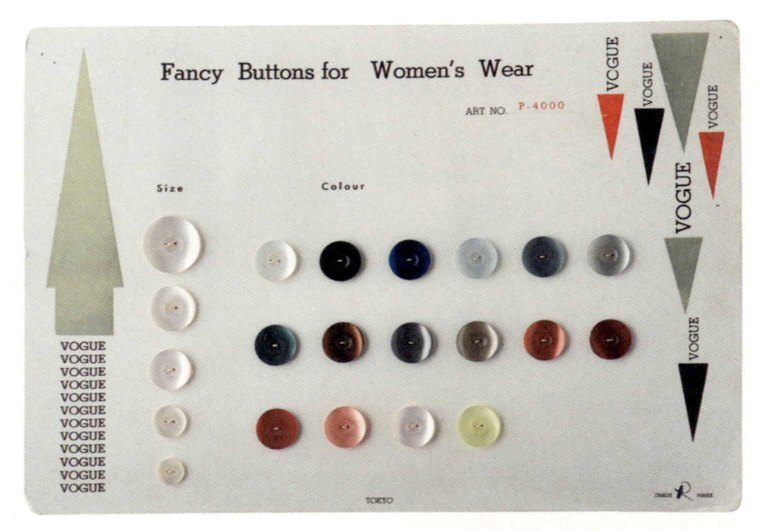

Item: ボタンのサンプルシート
Country: フランス

カラフルなボタンが付いているだけでも格好いいのに、まわりのデザインも秀逸。台紙の三角と長方形の木がシックで、とにかく気のきいたデザインですね。

Item: ボタンシート
Country: アメリカ

台紙で、ボタンをお花のようにしているのが良いです。女の子のイラストのシャツにも、同じようにボタンと刺しゅうでお花にしたものがついていて、使い方の提案だったのかと気づいて、感心しました。

Item: 木製のボタンシート
Country: ドイツ

こちらもデッドストック。モダンなデザインのスピーカーのような形の大きなボタンです。このボタンのお洋服だったらそうとうオシャレですよね。厚手の生地やウールとかに合いますよね。

Item: 糸切りバサミ
Country: タイ

鉄の糸切りバサミというアイテムは昭和を感じさせるようなノスタルジーがあると思いませんか？ 事務用などに多い、飾り気のない、色気を出さない潔いデザイン。こういう雑貨は好きですね。

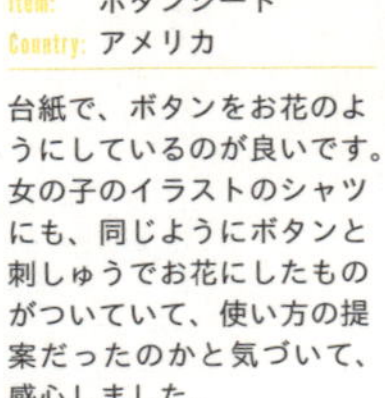

Item: みどりの大きい
ボタンシート
Country: ドイツ

デッドストックのボタンのシートです。中心部分はしぼり袋から出したような立体的なデザイン。直径4cmくらいのサイズが珍しく、このままブローチになっちゃうサイズです。

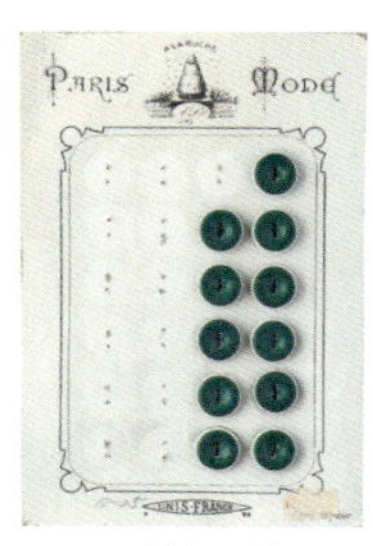

Item: みどりの小さい
ボタンシート
Country: フランス

デッドストックボタンのシートです。シャツとかのボタンに使っちゃったので減ってます。シート状になっているデッドストックのボタンをシートから外す時は、私にとってまさに、清水の舞台から飛び降りると言っても過言ではありません。

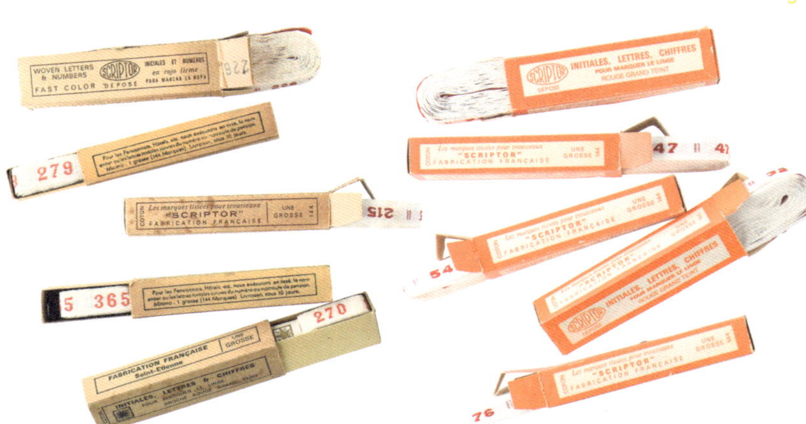

Item: ナンバー刺しゅう（茶箱）
Country: フランス

刺しゅうリボンの文字にいくつかフォントがあってそれも楽しいです。自分の番号を決めて持ちものにつけるようですね。数字を自分の名前に見立てて選んでいる人もいました。レプリカが出るほど人気のコレクターアイテムです。

Item: ナンバー刺しゅう（オレンジ箱）
Country: フランス

パリの老舗の手芸屋さんが閉店すると聞いて、「もう買えなくなっちゃう」とたくさん買った、思い出の刺しゅうリボン。手芸屋さんのマダムやおばあちゃんはどうしているのか、このリボンを見るたびに思い出します。

Item: お花の飾りボタン
Country: チェコ

ボタンとして使うのではなく、パーツをつけてリングやイヤリングなどのアクセサリーにしたら良いと思いました。ボタンをアクセサリーにするのが大好きです。

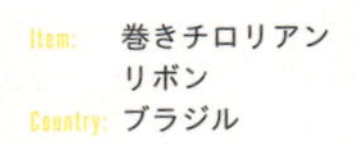

Item: 巻きチロリアンリボン
Country: ブラジル

なかなか私のパトロール範囲には入らないブラジルでもこんな可愛いチロリアンを作っていました。赤ベースも黒ベースもどちらも渋くて可愛いです。

Item: ガラスボタン
Country: チェコ

控えめな透明感のある手作りのボタンは、過剰にキラキラしていなくて雑貨の魂を感じます。その上、ヒツジやレモンやちょうちょ、トリにくだもの、キノコ、ハリネズミなどのモチーフなら尚更です。小さいけど確実にかわいい。

Item: ボタン色々
Country: ドイツ

プラスチックの経年変化で色が変わっていく過程のボタンに惹かれます。微妙な形やちょっとすり傷でマットになっちゃったボタンも大好きです。今の時代にしか見られない色やコンディションを楽しめたらと思っています。

Item: 帽子とトリのワッペン
Country: ドイツ

日本で見ないようなデザインで楽しいですね。ワッペンの良いところは好きなものにカスタマイズできるところですが、もったいなくてアイロンできない！という方にはピンをつけてブローチのようにつけたりするのもおすすめです。いかがでしょう？

Item: トリ小屋のボタン
Country: ドイツ

ボタンもトリ小屋もトリも大好きですが一緒になると尚良しです。色の合わせがスゴイ。私の中にない色の合わせ方に「やられた～！」とのけ反りましたよ。また勉強になりました。

Item: ハリネズミのボタン
Country: チェコ

デフォルメされすぎのハリネズミちゃん。一瞬、ナスかと思いました。デザインの単純化ということについて考えさせられたボタンですが、人の気も知らずハリネズミはいつも微笑んでくれております。

Item: キノコボタン
Country: ドイツ

世界中にキノコマニアはいると思います。食べるのもモチーフも好きなのではないでしょうか？ 食用に向かないと思われる赤いキノコが雑貨では定番です。平面のものから立体のものまであります。

Item: モチーフボタン
Country: 日本

デッドストックの日本のボタンです。当時は子ども向けで作られているので、身近なものがモチーフになっていますね。マッチや黒電話、本など、今では作らなそうなアイテムが、雑貨的でたまらないですね。

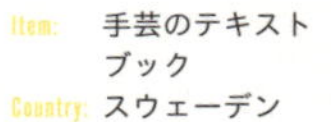

Item: 手芸のテキストブック
Country: スウェーデン

表紙のデザインと色合いがパーフェクト。うっとりします。スウェーデンオシャレですね。基礎からのA to Zが詳しく載っています。

Item: ２色のヒモ
Country: 日本

デッドストックの２色がねじられているヒモ。東欧っぽくもフランスっぽくもあり、もったいなくて使えません。JAMCOVER「East Tokyo 店」のある馬喰町の手芸問屋さんの棚の隅っこから発掘しました。

Item: モールのトリたち
Country: 中国

12 匹のカラフルなトリのおうちです。モールやビーズ、ワイヤーなどでできています。昔はこんな粋なデザインがあったのですね。箱のパッケージも良いので、開いても閉じても良しですよ。フランスでは色違いを見つけました。

Item: 手芸本
Country: ポーランド

60年代後半〜70年代初頭らしいフォークロアな時代に合うファッショナブルな1967年出版の手芸本。レイアウトも横で見たり、縦で見たりと色々な見方ができるので必見です。色使い、色の強さが圧巻の本です。

Item: ボンボン
Country: タイ

ボン天とも言われる毛糸のボンボンです。タイの山岳民族のリス族の手作りです。民族衣装につけたり、アクセサリーやキーホルダーにするようです。日本にはない発色や淡いカラーです。

Item: 編みものバッグ
Country: 不明

このジャンルに注目したことはありませんでしたが良いものですね。細長い編み棒と毛糸玉がたっぷりと入るサイズです。毛糸玉といえばネコちゃんですもんね。

Item: チロリアンリボン
Country: 各国

チロリアンリボンとは細い幅の織物のことです。私がコレクションしている、古いヴィンテージリボンやデッドストックのリボンは東欧のものが多いです。モチーフとして惹かれるのは、可愛いものと変なもの。変なものとは、タツノオトシゴとヒトデ、ワカメやテニス、ゴルフなどのように一見、手芸と関係ないようなものなどが気になって仕方がありません。また、カラーも独自で勉強になります。そして、小さいけど織物の技術が詰まっていて、じっと見てしまいます。奇跡的に手に入れているものが多いので、ほとんどのリボンは、使わずにコレクションしています。

PIEP

Folk Art

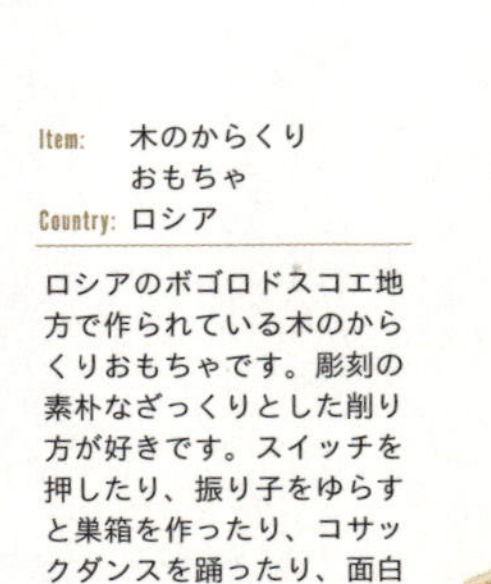

Item: 木のからくり
おもちゃ
Country: ロシア

ロシアのボゴロドスコエ地方で作られている木のからくりおもちゃです。彫刻の素朴なざっくりとした削り方が好きです。スイッチを押したり、振り子をゆらすと巣箱を作ったり、コサックダンスを踊ったり、面白い動きをします。

1. クマ 2. ウサギ
3. ウサギ＆クマ

3

1

2

Item: ハンガリーの陶器人形の本
Country: ハンガリー

1枚 22㎝のページが6ページ連なって、全長 132cm の本になります。両面合わせて12 ページで紙は超厚紙のボール紙。ハンガリーの陶器の民芸人形 33 体や動物の置き物などがのってます。

Item: 手芸の本
Country: ハンガリー

伝統的な刺しゅうのステッチ方法やヒモを編んだ模様の作り方、図案と編み図。カロチャ刺しゅうの特徴でもある、生地のすき間を作ってレース風にするやり方なども教えてくれます。

Item: ハンガリー文化を紹介した本
Country: ハンガリー

地域ごとの民芸、行事、衣装などをまとめた良い本。ハンガリーの7つの地方の特色を紹介しています。

Item: ワラのお人形
Country: ロシア

ロシアからやってきた民族衣装がポイントのお人形さんですが、洋服と顔以外ワラでできています。ワラ人形です。怖くないけどね。身の回りにあるものを子供のおもちゃにしていたものが民芸になるパターンでしょうか。

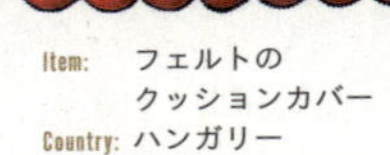

Item: フェルトのクッションカバー
Country: ハンガリー

お部屋の中のインテリアのポイントとなるようなクッションカバーです。フォークロアなアイテムが注目されるなか、海外の民芸としてフェルトアイテムはおすすめです。インパクトもデザインもパーフェクトです。

Item: フェルトの鍋つかみ
Country: ハンガリー

ミトンというよりは鍋つかみという感じ。ニュアンスの問題なんですけどね。このタイプはパッと使えてパッとはずせるのでオススメです。

Item: フェルトのティーコゼー
Country: ハンガリー

ヘヴェシュ市近辺の女性の職人さんが手作りするフェルトシリーズです。フェルトは保温力があり、ティーポットの温かさを保ってくれます。寒い時期には小さなお鍋もフタをしてこの中に入れておいたりします。

Item: にわとりおもちゃの
クローチカ
Country: ロシア

からくりおもちゃです。クローチカというおもちゃの名前も好きです。ハンドルをもって振り子をゆらすとにわとりが地面を交互に激しいくらいついばみます。コツコツとなる音も楽しさを UP させますね。

Item: フェルトの
オーナメント
Country: ハンガリー

民族衣装を着たおじさんとおばさんが可愛いオーナメントです。これをオーナメントにするセンス！ 厚みのあるフェルトと細いミシンステッチの対比に惹かれます。力の入れ具合、勉強になります。

Item: キャンドルスタンド
Country: ハンガリー

「The 民芸品」という佇まいのキャンドルスタンド。顔が素焼きで絵付けもハンドペイントでラインがラフなところがツボ。エプロンおじさんとエプロンおばさん。目が合うと、思わず顔真似してしまいます。

Item:　緑のおじさん
ピッチャー
Country: ハンガリー

緑の釉薬に心をわしづかみされた陶器。横向きだとわかりにくいかもしれませんが、緑のおじさんです。民芸品だけど、博物館にありそうな佇まい。8cm ちょっとの大きさもミニマムで良い。おじさん、大事にするよ。

Item:　ハトのフィギュリン
Country: フランス

リモージュ磁器のハトさんです。フランスのベルギー国境近い町から連れてかえってきました。陶器の人形愛がはじまったキッカケの子でもあります。見る角度で表情が変わって、見飽きません。

Item:　バンビの置き物
Country: フランス

深い緑の釉薬が、より立体的に仔鹿を際だたせている、静かな感じが魅力の陶器の置き物です。クロスで磨きながら今まで割れないで良く残っていたなぁと思っています。

Item:　ペンギンの
フィギュリン
Country: ロシア

ダンナさんがペンギンコレクターなので、何だか私もついつい気にしてしまいます。これはロシアの陶器メーカー「Lomonosov」のお人形です。じんわりとしたペンギン感がたまりません。和みます。

Item: 木の箱
Country: ドイツ

大好きな木の箱と大好きなホルン。合体したもの見つけちゃいました。刺しゅうの図案のようなお花。シックで落ち着いた色味。どれをとってもスペシャルです。手描きなのに甘くないのも好きなところかな。

Item: ネコちゃんのちりとりとテーブルブラシ
Country: ドイツ

アトリエで使っているちりとりとブラシです。テーブルの上のものを掃いたりするのに重宝しています。パンくずや消しゴムカス、なんでもこいの働き者です。ただ、ブラシをかけているとアトリエネコたちが遊びに飛んでくるのが難点なんです。

Item: くるみ割りのリス
Country: ドイツ

荒削りのリスのくるみ割り器です。しっぽを上に上げると手と口の間ができ、そこにクルミをはさみ、しっぽをおろしてくるみを割るシステムです。But！これは飾り用だと思うので、その用途で使ったら、クルミではなくリスが割れます。

Item: 木の小物入れ
Country: ラトビア

寒い国のリビングにいたと思われる小物入れ。フタのレリーフがシンプルなんだけど、どこか雄弁です。高床式なので中にものがあまり入りません。そんなすべての人に迎合しないところも好きです。わかる人にはわかるから大丈夫だよ。

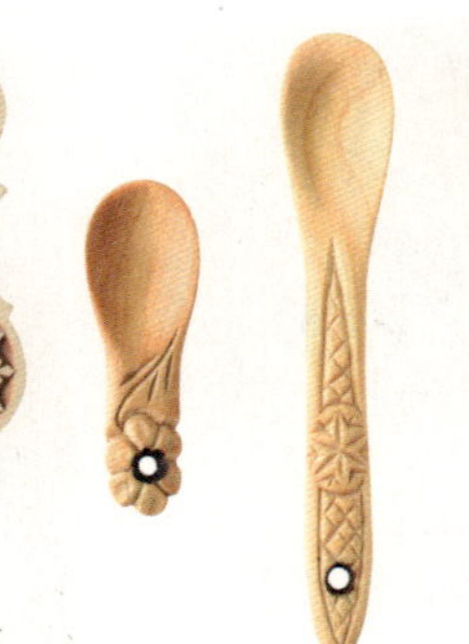

Item:　壁飾り
Country: リトアニア

糸巻き風のデザインで、大体３つのパーツにわかれたモチーフが配されています。バルトらしい品を感じます。かつては男性が好んで女性に贈っていたらしいです。

Item:　木のスプーン（小と中）
Country: リトアニア

リトアニア在住の木工作家シスコバスさんが作る超絶可愛いスプーンです。雑貨好きな人で木のスプーン好きな人はかなりいらっしゃいますが、このアイテムにはきっと唸りますよ。小さなスプーンは革ヒモなどを通してネックレスにしてもいいですね。

Item:　村の一年が描かれている絵本
Country: ハンガリー

伝統的な催しや麦の刈り取り、りんごの収穫、クリスマスなど描かれています。内容も興味深いのですが、それ以上に濃いタッチのイラストが興味深いです。

Item:　ティーポット
Country: 西ドイツ

ステンシルでお花が絵付けされた渋〜い茶色のティーポット。少し暗さも含んだ可愛らしさがあるドイツの雑貨の魅力が詰まっています。大宮の「リータス」さんで一目ぼれして購入。ホーローにはあるかも知れないけど陶器の柄としてはめずらしいテイスト。

Item: リスのフィギュリン
Country: チェコ

アメ釉でピカピカした素朴なたたずまいです。釉薬がたまったところが柄やラインになって引き立っている良いデザインです。出会った時には裏面の足の部分が欠けていて、欠けが広がらないよう大事にします。

Item: 木のクッキー型
Country: オランダ

木のクッキー型。何百年も前のデザインが多く、オランダでは読み書きできなかった時代から、木型の絵で物語が語り継がれてきたようです。現在はオブジェや壁飾りとしても人気です。

Item: 木のスプーン（大）
Country: リトアニア

シスコバスさんの作る大きなスプーン。大きい子はなんと全長30cm。レリーフの彫刻が素晴らしいですね。持っているだけで幸せ。飾っちゃったらもっともっと幸せ。

Item: お花のボウル
Country: リトアニア

お花の花びらがかたどられた直径25cmもある大きなボウル。顔も洗えるようなサイズで、周囲にたっぷりの葉っぱやお花が飾されています。丸太からくり抜くとしたらその大きさはどんなものかと想像し、大切に使わなければと思います。

Item: くだものカゴ
Country: リトアニア

リトアニアのヨバラスさんという名人の手法を受け継いだ人が作った透かしのカゴ。継承して作っている人はたった1人らしいです。民芸というにふさわしい雑貨。こんな品のあるカゴってあまりないです。

Item: どんぐりの小物入れ
Country: リトアニア

どんぐりモチーフってあまりないんですけど、これはシンプルで温かくて良いです。キッチンで使うのももちろんですが、綿棒やコットンを入れても良いと思います。

Item: 民族衣装の
ポストカード
Country: チェコスロバキア

チェコ第2の都市ブルノの南東に位置するスロヴァーツコ地方の民族衣装のポストカードです。民族衣装もかなりボリューム感があって可愛いですね。

Item:　タリンの街の写真集
Country: エストニア

エストニアの首都タリン。街を上から見たバードアイビューなど、さまざまな角度から見たタリンの写真が撮られています。時代ごとに発展していくタリンを見ることができます。

Item:　お花のホイッスルネックレス
Country: リトアニア

リトアニア北東部にあるドゥセトスという街で、エリカスさんの作るお花形のホイッスルネックレス。音は高めのクリアな音質。なんでお花を笛にしようと思ったのか、かなりすてきなアイディアですよね。笛好きにはたまりません。

Item:　トリのボウル
Country: リトアニア

エリカスさんが彫刻を施し、手作りしているボウルです。トリさんの体部分をボウルにするという発想が雑貨であり、民芸なのかもしれませんね。何を入れても絵になるフォトジェニックな民芸品です。

Item:　フードドーム
Country: リトアニア

手作りのフードドームです。持ち手部分は普通はガラスが多いのですが、これは木なのがかなり珍しいですね。ケーキや焼き菓子、チーズなどはもちろんですが、陶器の人形や小さなものを入れて飾っても、ステキですよ。

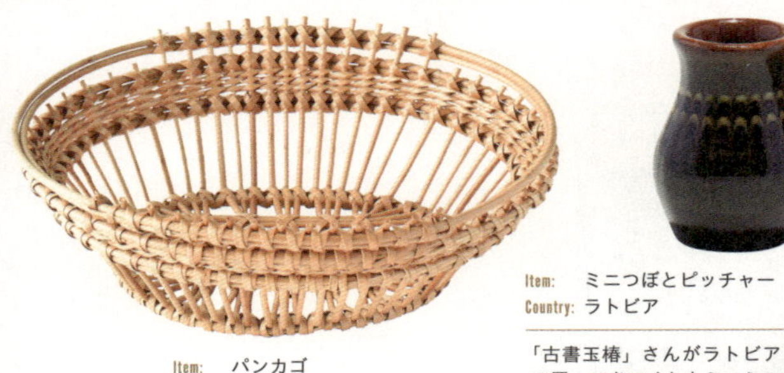

Item: パンカゴ
Country: リトアニア

若い頃、パンを焼いてカゴでサーブする暮らしに憧れていました。このカゴはその憧れた風景の夢のカゴです。手仕事の繊細なカゴとパンとの相性は最高です。パンも自分で焼いてサーブしたいと思います。

Item: ミニつぼとピッチャー
Country: ラトビア

「古書玉椿」さんがラトビアで買ってきてくれたミニミニのつぼとピッチャーです。アノニマスだけど、そこにある確実なデザインに惹かれます。こんな小さくてもスリップウェア。誰かがコツコツ作ったものに感動します。

Item: リスのぬいぐるみ
Country: ドイツ

ドイツの「Steiff 社」のリスさん。あまりブランドには興味ない私がめずらしく持っている Steiff の物。ファーの着色のつけ方がなんともいえず雑貨。背中のカービングとしっぽの真っすぐさの対比が良し。

Item: トリの笛
Country: リトアニア

テラコッタベースのトリの素朴な笛。もともとは郷土玩具だったものをスタイリッシュにアレンジ。フクロウさんのような低い音の大きな子と、小鳥のように鳴る小さい子がいます。仕事が煮詰まると、アトリエで吹いて気分をリフレッシュしています。

Item:　ミニミニピッチャー
Country: リトアニア

リトアニアにあるカウナスという古い街に住むロムアルダさんファミリーが作るステキな陶器。高さ３cmと５cmのピッチャー。日本で言う「イッチン」の手法で絵付けされてます。それにしても、細かい絵付けです。テラコッタに渋い色の釉薬＋イッチンが大人すぎます。ステキ。

Item:　マグカップ
Country: リトアニア

テラコッタベースに釉薬「イッチン」で描かれています。黒いカップを初めて目にした時には、シックでいて雄弁なデザインにやられました。

Item:　オーナメント
Country: リトアニア

手作りしたオーナメントです。ツリーやリース、空間に飾っても良いですし、オーナメントにするだけではもったいないので、革ヒモを通してペンダントにしたりブローチにしてもおすすめですよ。

Item:　パブリックソング
　　　フェスティバルの本
Country: エストニア

1966年刊行。エストニア・ソビエト社会主義共和国の25周年を記念し開催されたフェスティバル。それぞれの地域の伝統的な衣装が可愛い！ 合唱系の歌が入っているレコード付き。

Item: 手編みの
子供用くつ下
Country: エストニア

グレーのネコちゃんが生成色に映えています。こんなくつ下をはいたちびっこがいたら、即写真とらせていただきます。

Item: こけし
Country: エストニア

あえて「こけし」と呼びたい木の人形。マトリョーシカのようにくりぬかれていない重さのある安定感がホッとします。ネコちゃんに倒されないですみますしね。手描きで線とか色とかはっきり描いているものがなにかと大好きです。

Item: 手編みの
ルームシューズ
Country: エストニア

六角形に編んだ面白いデザインのルームシューズです。四角いモチーフを繋いで斜めにとじたら菱形を繋いだ六角形になり、菱形の一辺に足を入れて履くシステム。いつか真似して作りたいと思う素朴さと面白いデザイン。

Item: 手編みのミトン
Country: ラトビア

バルト三国らしい先端が三角になっているミトンです。色々な色を組合せた毛糸のものが多いのですが、こんな２色で表現されたシンプルなものも説得力がありますね。甘すぎない手工芸がおすすめです。

Item: キノコの
スモーク人形
Country: ドイツ

ドイツのクリスマスにかかせないアイテムです。台座にお香をおいて上部をかぶせると口から煙を出す仕様になっていて、まるでキノコがパイプを吸って吐いているようで楽しいです。キノコの擬人化はヨーロッパでは多いですね。

Item: 手編みの子供用
ミトン
Country: エストニア

シロネコちゃんがグレー地に映えますね。ちびっ子向けだと可愛い色にしがちなのにグレーでオシャレ！脱帽です。ヒゲが良い感じで何度も見ちゃいます。

Item: ネコの置き物とネズミのボタン
Country: ドイツ

「ジムクヌプフ」の小さな木と革でできたネズミのボタンと、緑のラインストーンの目がチャームポイントのネコの置き物です。別々な所から来た３匹ですが、うちに来てからはずっと一緒です。仲良し〜。

Item: ネコの置き物
Country: ポルトガル

ポルトガルに興味を持ったのは二つのきっかけがありまして、一つ目はトイレットペーパーのような紙にエンボスがかかっているノート。二つ目はこの木でできたネコのお人形です。ポルトガルからきたので、「ポルちゃん」と呼んでいます。

Item: 刺しゅうのマット
Country: ハンガリー

ハンガリーのカロチャ刺しゅうの可愛らしいマットです。カロチャ刺しゅうのモチーフは主に花で、サテンステッチで立体的にお花をふっくらと刺しゅうするものが特徴です。テーブルマットや民族衣装などで見ることができます。

Item: こびととキノコのテーブルクロス
Country: ドイツ

刺しゅう糸の青色1色でこんなに動きのある絵柄ができることにショックを受けました。このテーブルクロスはドレスデンの蚤の市で運命的に出会いました。アウトラインだけ刺しゅうって結構ツボです。

Item: 赤い帽子の女の子のオブジェ
Country: ソビエト連邦

ソビエト時代の手描きの女の子の木のお人形です。背中がフラットなので、壁にたてかけると良いですよね。縦半分の形ってこけしにしてもマトリョにしてもあまり見ないタイプ。大事にします。

Item: 丸帽子の女の子のオブジェ
Country: ソビエト連邦

ソビエト時代のお目めぱっちり、可愛い柄のお洋服がポイントの女の子。壁かけにもなります。東洋と西洋の良いところがブレンドされたデザインが最高です。誰がデザインして、誰が描いたのか想いを巡らせます。

Meal & Oyatsu

Item: マルメイ
スパゲッティ
Area: 熊本
Maker: 高槻興産（株）

昭和30年代から変わらない、巷では「ニワトリ奥さん」と呼ばれているらしいコッコちゃんキャラが懐かしいマルメイのソフトめんシリーズです。もちもちした麺を電子レンジで温めるかフライパンで炒めてパウダー状のソースをかけて作ります。５種類のフレーバー。これはJAMCOVERスタッフがハンティングしてきたアイテムです。

Item: キッコーナン醤油
Area: 秋田
Maker: 日南工業（株）

日本人なら忘れてはいけない卓上のお醤油差し。秋田県民定番のだし醤油。キャラクターのナン子ちゃんとパンダと子犬が可愛いすぎです。あまり県外には出ていないらしいですよ。

Item:　若鶏の手羽
Area:　広島
Maker:　（株）オオニシ

手さげ型パッケージがナイスな若鶏の手羽。真空パックされ常温でも保存可能、４ヶ月の日持ち。お父さんのおつまみとしても人気ら

Item:　ボルシチ
Area:　福岡
Maker:　（株）ツンドラ

カタカナってデザインされるとグッとくる時がありませんか？ この温かそうな感じのする缶詰はビーツや野菜をじっくり煮込んだボ

福岡の老舗レ

ドラ」が作

Item:　かしわ水たき
Area:　福岡
Maker:　内外実業（株）

実は水炊きの聖地福岡には、60年以上前から「博多っ子」に愛される水炊きの缶詰があるのです。アバンギャルドなデザインのトリちゃん達のイラストも色合いも最高です。

本書に下記の誤りがありました。
訂正し、お詫び申し上げます。

P.56 マルメイスパゲッティの Maker
誤）高槻興産（株）
正）高森興産（株）

Item:　吟醸酒 こけしカップ
Area:　青森
Maker:　（株）JR東日本商事

色々なタイプのこけしコレクションのイラストがたまりません。こけしをながめながら一杯というのも良いかも？ オトナが中身を飲んで、コップをちびっ子たちが使うのはいかがでしょう？

Item:　清酒 たぬきカップ
Area:　群馬
Maker:　分福酒造（株）

群馬の昔話の分福茶釜のイラストが入ったコップの中にお酒が入っています。タヌキさんが茶釜を背おって綱渡りしているのが楽しそうで良いですね。コップだけ譲ってもらってJAMCOVERでは販売しています。

Item:　清酒 バラカップ
Area:　群馬
Maker:　牧野酒造（株）

なつかしいバラの絵と昔から変わらないスタッキングできるコップの形がヴィンテージ感を出していて良いですね。飲んだ後ははみがきコップやペン立て、フラワーベースにもオススメです。

Item: 金沢カレーいかまんま
Area: 石川
Maker: （株）銭福屋

老舗洋食店「キッチン・ユキ」さんのカレーとのコラボ。能登産のするめいかと加賀産の「こしひかり」を使用して、醤油ダレで煮込んだスパイシーでおいしい「金沢カレーいかまんま」。辛さもフツウと辛口があります。パッケージ良いでしょう？

Item: ラーメン仮面
Area: 福岡
Maker: 長尾製麺（株）

サブカルなデザインのパッケージですが、味はかなり本格的。お店の味です。手延べそうめんの老舗が作っているので、麺が手延べのラーメン。つるつる、もちもち。「チキントンコツ」「タソガレトンコツ」！ どちらもおいしいです。

Item: 缶 de ボローニャ
Area: 東京
Maker: （株）ボローニャFC本社

パンの缶詰です。イラストは落合恵さん。味はメープル、プレーン、チョコの３フレーバー。３年の長期保存ができるので、保存食にもなりますよ。

Item: ナチュラルミネラルウォーター
Area: 長野
Maker: 生活クラブ・スピリッツ（株）

スタッフが飲んでいるお水が可愛くて教えてもらいました。長野県塩尻市善知鳥峠付近からくみあげた地下水だそう。かわいい動物たちのシンプルなパッケージと張りのあるペットボトルが好きです。

Item: サヴァ缶
Area: 岩手
Maker: 岩手興産（株）

国産サバのオリーブオイル漬け。岩手から「元気ですか？」と全国に向けたメッセージをこめ、インテリアになるような高いデザイン性の缶詰。オリーブオイル漬けなのでお料理にアレンジしやすいですね。

Item: レトルトカレー
Area: 宮城
Maker: （株）にしき食品

今やカレーも雑貨です（ただし、特別な物だけですが）。このシリーズはまさに特別な子達。厳選素材に化学調味料、香料、合成着色料無添加のレトルトシリーズ。パッケージが雑貨的なので、棚に飾っても可愛いですし、非常食用にストックしてもよいと思います。

Item: インスタント
ラーメン
Area: 愛知
Maker: 小笠原製粉（株）

愛知県碧南市で明治40年の老舗の製粉メーカー。平成7年に一時生産を中止されましたが、地元の方の熱い要望で復活しました。「末永く」「親しみやすい」商品にと「キリンラーメン」と名づけられました。オリジナルのキリンラーメンを筆頭に色々な動物や色々なフレーバーが楽しめます。動物園を中心にコラボレーションにも力を入れているやる気に溢れた会社です。

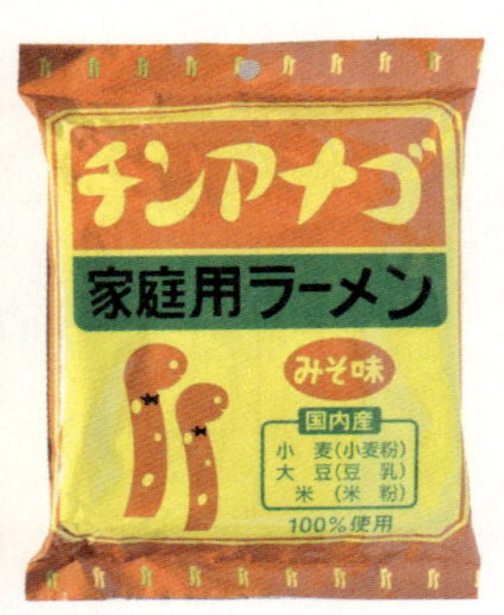

Item: シロクマヌードル
Area: 秋田
Maker: （株）あきた食彩プロデュース

秋田県にある「男鹿水族館」のホッキョクグマの赤ちゃんが生まれた時に記念して作られたラーメンです。クマちゃんの成長を応援していて売上の一部が寄付されます。
これは「SALT&MILK」味で、しょう油味もあります。

Item: SPICE CAFE
カレー ラッサム
Area: 東京
Maker: SPICE CAFE

東京・押上にある古民家を改装したカレー屋さん。世界各国を旅し、スパイスを研究し料理の修業をしてきたシェフの料理は、お店だけではなくレトルトカレーやスパイスカレーセット、レシピ本などで味わうことができます。

Item: サンバル
スパイスセット
Area: 東京
Maker: SPICE CAFE

スパイスを一度に何種類もを買いそろえるのは大変です。そんな悩みをうけてSPICE CAFEさんがスパイスセットを作ってくれました。本『SPICE CAFEのスパイス料理』を見て作ってみましょう。スパイスのカレーキットわくわくしますよね。

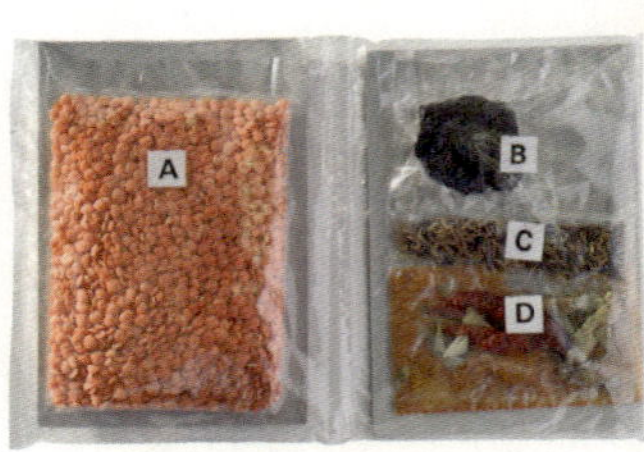

62

Item: アスパラガス（左）
Area: 北海道
Maker: クレードル興農（株）

ホワイトアスパラガスに赤いリボン。愛を感じるデザインです。ヨーロッパに負けてない、北海道産のホワイトアスパラガスにオランディーヌソース。おいしいですよ。

Item: スイートコーン（右）
Area: 北海道
Maker: クレードル興農（株）

北海道でとれたスイートコーンをクリームスタイルにして缶詰したもの。1950年代のデザインを彷彿とさせる文字やデザインも色合わせも秀逸。キッチンにキープしておくのに合格な缶詰です。

Item: エジプト塩（左）
Area: 東京
Maker: S/S/A/W たかはしよしこ

魔法の万能調味料。数種のナッツとスパイス、天然塩がブレンドされた調味料です。生野菜、温野菜、パスタ、ごはんにかけると衝撃的においしいです。たかはしさんのお顔のパッケージをみるとよだれが出ます。

Item: モロッコ胡椒（右）
Area: 東京
Maker: S/S/A/W たかはしよしこ

モロッコで親しまれているアリッサという辛み調味料にたくさんのスパイス、アンチョビ、オリーブオイル、アーモンド、干しぶどう、クミン、アニス、コリアンダー、パプリカ、唐辛子、にんにく、天然塩入ってます。スパイスのオイル漬け、何にかけるか楽しみでしょ？

Item: インデラ・カレー
スタンダード
Area: 東京
Maker: （株）ナイル商会

パッケージがなつかしくもあり、オシャレでもあります。ナイルレストランのG.M. ナイルさん指導のもと作られているそうです。香りだけでも芳醇で美味しいカレー粉だとわかります。ちょい足しで本格カレーに。

Item: パン粉
Area: 岐阜
Maker: 桜井食品（株）

今まであまりパン粉に注目してはこなかったのですが、これは食料品売場の店頭で呼ばれました。岩手県産小麦粉と生イーストを使って焼き上げたパンを砕いて乾燥したパン粉。シェフのアウトラインが青くてオシャレなデザインですよね。

Item: ポレンタ・ビアンカ
Area: イタリア
Maker: モンテ物産（株）

イタリア北東部の白ポレンタ用のとうもろこし粉。イタリアの家庭料理では、とうもろこし粉と牛乳や水を入れたものをペースト状になるまでかき混ぜてポレンタを作ります。煮てソースをかけたり、冷やし固めてスライス、グリルでもおいしいです。

Item: 統一麵
Area: 台湾

肉燥／鮮蝦／肉骨茶。これはカップラーメンですが、袋麺もお馴染みです。これがたくさん入っている段ボール箱もパンチが効いていて良いデザインなんです。お味は異国情緒がただよう感じ。好き嫌いはわかれます。

Item: 統一調合米粉
Area: 台湾

肉燥風味。いったい何味？主に紅葱頭の味付けらしいです。ビーフンタイプのビビッドなカラーにロコな感じの屋台に座るといい感じの青年。ストライプがデザインをオシャレにさせていて良いですね！

Item: 科学麺
Area: 台湾

台湾ではおなじみのラーメン。乾麺をバリバリに割って、粉のスープをふりかけて食べるスナックラーメン。食べると科学者のように頭が良くなるのでしょうか？

Item: 統一脆麺
Area: 台湾

昭和なスポ根の古さと、サブカルのような新しさが合体したパッケージがステキです。強いですね、このデザイン。スナックラーメンなので砕いて粉をかけて食べます。お湯で食べてみたら、微妙でした。

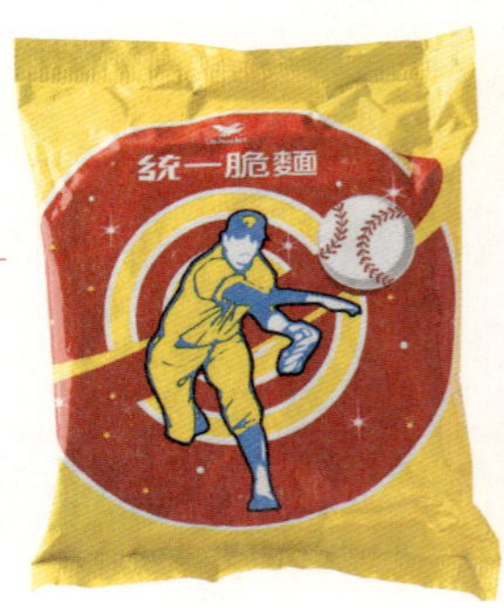

『可愛いパッケージ研究所』

主任研究員 オザワリエ

私は仕事柄、世の中のデザインやパッケージデザインなどを日々気にしています。「気にしている」というと、ちょっと控えめにチェックするという感じがするかもしれませんが、パッケージに関しては、かなり熱心にハンティングしているというのが正直なところ。

元々は「優れたパッケージもの」を個人的に収集して、遠慮気味に集めておりましたが、今やすっかり仕事につながってきたので歯止めが利きません。ノリノリです。

見つけたら、飾って眺め、研究員（JAMCOVERのスタッフ）に自慢し、写真を撮ってから保管します。おまんじゅうのようなものは、油断するとカビが生えて地獄絵図になります。乾燥気味なものやリッチな材料を使っていないものは保管に向いていて良いです。アイスクリームは冷凍庫。チョコレートは冷蔵庫で保管。賞味期限が６年前なんてザラ。かわい子ちゃん達が生活を圧迫しますが、まったく気になりません。

扱いも大事です。パッケージは、見た目に影響のないように、息を止めて慎重に開封します。最大の敵はセロハンテープとシールと「大丈夫だろう」という気持ちの緩み、油断です。

作り手のみなさんは、こちらが後生大事に取っておくことは想定外なので、フリーダムに包装しているケースが多いのです。その上、シールはなぜかデザインの重要なポイントを狙って貼ってあります。キレイに剥がせても、粘着剤が残ってしまい一勝一敗な感じも多々。できれば弱粘着性のシールなどをお使い頂き、メインのデザイン部分は避けて頂けるとうれしいです。配送していただく際も、包装紙がしわにならないようお願いしていますが、割と伝わらず惨敗。包装紙のしわや破けたところに涙します。

なんて、ものすごく大変そうに聞こえるかもしれませんが、そのドタバタも楽しく、可愛いものに出会える喜びとおいしさが倍増されます。

日本中、世界中に「優れたパッケージもの」がある限り集めまくるぞ！ローカルな良い情報をお待ちしております。

Item: ベトナムコーヒー
Country: ベトナム

ヘーゼルナッツフレーバーのベトナムコーヒー。着地点が見えてなさそうな曖昧なデザインにグッときますね。リスが食べているのがヘーゼルナッツなのか、コーヒー豆なのか知りたいです。お土産でもらいました。

Item: ミミーサブレ
Area: 長野
Maker: (株) 翁堂

長野県松本市にあるお菓子屋さんと喫茶店を営む「翁堂」のサブレは、オウムのミミーちゃんをキャラクターにして40数年前に発案されたもの。サブレの型押しもパッケージも良し。なつかしいお味です。

Item: 小熊のプーチャン
バター飴
Area: 北海道
Maker: 千秋庵製菓（株）

クマのプーチャンの顔がキャンディになっています。お味は根強い人気のバターのお味です。缶のデザインも絵本的でいいですよね。

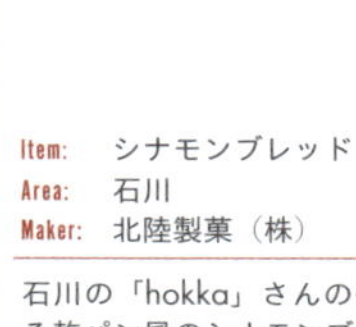

Item: シナモンブレッド
Area: 石川
Maker: 北陸製菓（株）

石川の「hokka」さんの作る乾パン風のシナモンブレッド。ムーミンの線画のパッケージもすばらしいです。賞味期限が長めなので、保存食代わりにもなりますよ。

Item: マリアンネ
ミントチョコ
キャンディ
Country: フィンランド

リッチなチョコレートを、クリスピーなミントキャンディで包んでいます。フィンランドでポピュラーなキャンディなんです。レジメンタルストライプの包み紙に筆記体のデザイン。カンペキです。

Item: アップルサイダー
Country: 台湾

打西菓蘋と書いてありますが、全然ダサくないです。むしろ先輩格好いいです！アップルサイダー味なのですが、その辺のアップルサイダーとはちょっと違う。缶の他にペットボトルも充実。誰か日本に輸入してくれませんか？

Item: マロン
Area: 山形
Maker: (有) 木村屋

鶴岡市の名菓。その名もマロン。パイの中にマロンがごろんと入っているバターリッチなお味です。お菓子だけど、民芸調のパッケージが素敵です。でも、なんだか今っぽい魅力のある不思議なデザイン。

Item: ダルマサブレー
Area: 神奈川
Maker: 喜久千代ベーカリー

川崎大師銘菓で、1955年から続くロングセラー。戦後限られた材料で何か素朴で親しまれるお菓子はないかと考案されたらしいです。パッケージとサブレのダルマさんの顔のギャップがたまりません。

Item: きつねめん
Area: 山形
Maker: (有) 木村屋

「木村屋」さんの昔ながらのお菓子きつねめん。黒糖や小豆粉を使って作られています。ゆっくり舐めて溶かして味わうお菓子です。堅く固められたキツネ。顔が5つついています。

Item: 峠の釜あいす
Area: 群馬
Maker: おぎのや

峠の釜めしの「おぎのや」さんが作った、釜めしを模したアイスクリーム。手のひらサイズです。フタを開けると一見釜めしなのに、食べたら甘い不思議な感じ。アイス好きと釜めし好きにぜひ食べてほしいです。

Item: 飛騨街道　旅がらす
Area: 岐阜
Maker: (有) まるでん池田屋

あんこが入った最中のタヌキと最中の三度笠の合わせ技。更にとどめは紙の合羽を羽おっているすばらしい名菓。多分タヌキだと思うのですが、キツネにも似てますね。旅がらすってネーミングも良いですね。

Item: 蕎麦ほうる
Area: 京都
Maker: 総本家河道屋

お花の形（しかも真中くりぬいてある！）がキュート。そば粉を使ったぼうろです。商品名は「蕎麦ほうる」ですけど。軽い素朴な甘さが控えめでおいしいですよ。袋も包装紙も北欧に輸出したいくらいの完成度の高い仕上がりです。

Item: ふくだるま
Area: 京都
Maker: （株）たにぐち

だるまさんの形の甘いおせんべいです。素朴だけど滋養がありそうな深いおいしさです。和風なのかもしれませんが、コーヒーやミルク、紅茶によく合いますよ。福々しい焼印で入れたお顔も人気です。

Item: こけしラムネ
Area: 静岡
Maker: 木村飲料（株）

今どきのラムネさんはペットボトルタイプです。でも、ちゃんとビー玉でフタをされています。そしてこけし。そしてラムネ。木目調のこけしちゃんにいやされます。ラムネの味も爽やかな美味しさです。

Item: オブセ牛乳
焼きドーナツ
Area: 長野
Maker: (株)マルイチ産商

「オブセ牛乳」さんは信州小布施で半世紀にわたり経営されている牛乳屋さんです。水を使わずその牛乳だけを使って作った焼きドーナッツです。噛めば噛むほどおいしくなっていく気がします。ちびっ子達にもオススメです。

Item: オブセ牛乳
焼きブレッド
Area: 長野
Maker: (株)マルイチ産商

80℃15分の中温殺菌処理したコクのあるおいしい牛乳を使って作った焼きブレッドです。日持ちもするので、私の朝ごはん用のストックになっています。お腹が空いた時のおやつにもぴったりです。

Item: ソフトクリーム
せんべい
Area: 埼玉
Maker: (有)煎屋

職人さんが手焼きしているおいしいおせんべいです。固めのしっかりした歯ごたえにベースはおしょう油味。ソフトクリーム部分のフレーバーは抹茶、イチゴ、チーズ、バニラの4種類です。

Item: animal
Area: 京都
Maker: UCHU Wagashi

和菓子である落雁のイメージを一新するデザイン的な干菓子。動物達も可愛いのです。ピース状になっているもので図形を作ったりできます。お味も斬新ざんす。ココア味とかバニラ味、チャイ味なんかもあり、季節の新鮮なフルーツや素材と和三盆糖で作られています。

Item: 白鳥の湖
Area: 長野
Maker: 開運堂

犀川に飛来する白鳥がデザインされてます。落雁に似たホロホロとしたクッキーです。お箱は渋い水彩画ですが、本体の型押しの白鳥さんとシールはちょっと可愛らしいので見て下さいね。

Item: アッシュバッハの猫チョコレート
Area: スイス

フレームの中に色々なネコちゃんの写真がデザインされていて、究極可愛い。しかも紅茶の風味がするおいしいチョコレートです。日本で手に入れる方法が知りたい今日この頃です。

Item: ひやしあめ
Area: 広島
Maker: 桜南食品（株）

ひやしあめって知らない人が多いですが、飲んだらリピートという人も多い不思議な飲み物です。プレーンタイプの白いお花のひやしあめと黄色のお花の瀬戸内レモンひやしあめ。飲んだ後はコップとして使ってね。

Item: ロシアケーキセット
Area: 千葉
Maker: （株）中村屋

館山にある「中村屋」さんのロシアケーキ。豪快なたたずまいはまさにロシア風。確かにクッキーと呼ぶよりはケーキというにふさわしい満足感のあるおやつです。菓子折りのノスタルジックな掛け紙も良いです。

Item: 水だしコーヒー
Area: 香川
Maker: プシプシーナ珈琲

「プシプシーナ珈琲」さんの水出しコーヒーです。水出しできる用の大きなフィルターの袋に挽いたお豆が入ってますので、お水にインすればアイスコーヒーが出来上がります。パッケージは一瞬、水玉のようですが、コーヒー豆柄なのが最高にグッドです！

Item: ショウガトウ
Area: 香川
Maker: プシプシーナ珈琲

「プシプシーナ珈琲」さんのしょうがの飴。小さい段ボールに勇ましいネコちゃんのプリントがたまりません。高知県産のしょうがを100%使用した、口に入れたら溶けちゃう夢のような飴。しょうがだから、食べたらポッカポカですよ。

Item: 極糖クグロフ
Area: 沖縄
Maker: カフェユニゾン

クグロフが2個入っためずらしいセット。ヤギ達のイラストが絶妙です。一生大事にして欲しい一缶です。宮古島の幻のサトウキビから作られた黒糖とラムレーズンが効いています。大人な味です。缶が終売で一個入りの箱になりました。

Item: ラムラム
Area: 北海道
Maker: 三月の羊

「三月の羊」さんの作るメレンゲ菓子のつぶらな瞳のヒツジちゃん。その名はラムラム。そのまま食べてもコーヒーなどに浮かべても。つらいことがあったらなぐさめられますよ。きっと。

Item: ピュレ
ショコラティエ
Area: 東京
Maker: カンロ（株）

「カンロ」さんが作るグミです。果汁の入ったグミにチョコレートをディップしています。それぞれ個包装になっていて、いちいち可愛いのです。フレーバーはレモン、さくらんぼ、ぶどう、リンゴの４フレーバー。

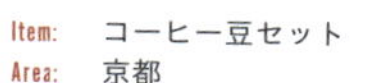

Item: コーヒー豆セット
Area: 京都
Maker: GARUDA COFFEE

京都のコーヒーロースターの「ガルーダコーヒー」さんのコーヒー豆セットです。お味ももちろんおいしいです（まちぶせブレンドが好き）。ラッピングの箱もかわいいです。イラストは多田玲子さんとMurgraph さんです。

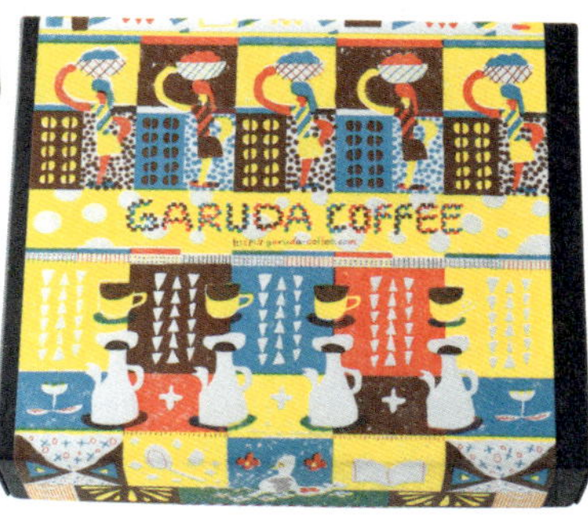

Item: バイオリン
チョコレート
Area: 北海道
Maker: 千秋庵製菓（株）

外箱のパッケージの渋さとは裏腹に、バイオリン型のミニサイズのチョコレートが入っています。ホワイトとミルクとブラックのフレーバー。なぜか入っている「モーツァルトのバイオリン」と書いてあるしおりが魅力的。

Item: 北緯 43 度
Area: 北海道
Maker: 千秋庵製菓（株）

札幌は北緯 43 度にあることを教えてくれました。六角形のおせんべいって珍しいですよね。ゴーフルのような軽い食感に爽やかな塩味がついています。缶のイラストは栗谷川健一さん。缶が終売で今は紙箱のセットになります。

Item: ありあけ横濱ハーバー ダブルマロン
Area: 神奈川
Maker: （株）ありあけ

イラストは柳原良平氏。大大大好きなお菓子です。おいしい栗に和風と洋風なフレーバーがとてもうまく混ざった美味しさです。ハーバーなので、形は船の形になってるのも粋ですよね。

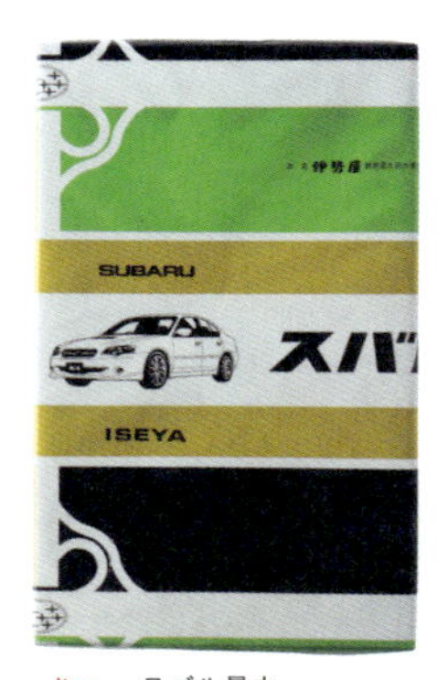

Item: ありあけハーバー ミルクモンブラン
Area: 神奈川
Maker: (株) ありあけ

銘菓「ハーバー」で有名な「ありあけ」さんが作っているお菓子。モンブランを焼き上げたイメージのハーバーらしいです。練乳とはちみつを加えてしっとりやさしい栗の風味で、まったりとしておいしいです。イラストに山のモンブランが描かれているのがオツな感じ?

Item: スバル最中
Area: 群馬
Maker: 伊勢屋岡田商店

太田市にある富士重工業前にある和菓子屋さんが作る車の形のお菓子。緑の包装紙に入ったものはあんこが入ったスバル最中。菓子折りの中には「スバルの歩み」という歴代の車の写真の一覧が入っていてとってもクール。

Item: THE スバル
Area: 群馬
Maker: 伊勢屋岡田商店

包装紙が青いものは甘い瓦せんべいのTHE スバルが入っています。瓦せんべいにスバルが焼印で押されてます。なんてオシャレな包装紙なのでしょうか。こんなおせんべいの包装紙ってなかなか、ないですよね?

Item: ラインサンド
Area: 北海道
Maker: 坂栄養食品（株）

道民のおやつ。焼きたてのビスケットに良質のクリームをサンドしたお菓子。パリっぽいパッケージにオシャレ心を感じます。裏に「好きなとき、好きなだけ」というフレーズが。いいね〜。

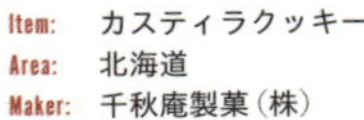

Item: カスティラクッキー
Area: 北海道
Maker: 千秋庵製菓（株）

カステラではなくカスティラというところも可愛らしいですよね。カステラをクッキー風にして洋酒を効かせたおいしいクッキーです。

Item: スマックゴールド
Area: 広島
Maker: 桜南食品（株）

ミルキーでスキッとするシュワシュワなステキな乳酸系の炭酸ジュース。ビンの形も良く、パッケージのテイストが表と裏で違います。裏のデザインはクリームソーダです。80 年代風の。

Item: 北のマドンナ
Area: 北海道
Maker: 千秋庵製菓（株）

アーモンドとハチミツを原料に使用して焼いた生地にフィンランド菓子CINUSKE（キヌスケ）をサンドしたもの。外側はサクッとしていて中身はキャラメルのような風味のクリームです。後引く味。

Item:　チロリアン
Area:　福岡
Maker:　（株）千鳥屋本家

チロルの深い渓谷に古くから住むバコバール族の一部に伝えられたお菓子を、近代的な風味に仕上げたお菓子なんだそうです。缶のデザインも秀逸ながら、箱もすばらしい。これはもう雑貨ですね。

Item:　ロシアケーキ
Area:　北海道
Maker:　千秋庵製菓（株）

いかにもロシア風な箱に入っているロシアケーキ。ロシアケーキってご存知ですか？　ジャムやナッツやチョコがのっている食べがいのあるクッキーです。そもそもはロシアの「ペチェーニエ」というお菓子を日本風にアレンジしたもののようですよ。

Item:　チャット
Area:　栃木
Maker:　うさぎや

宇都宮にある「うさぎや」さんの白あんの入った卵とバターがきいているお菓子です。パッケージデザインが秀逸。チャットとは英語で気楽なおしゃべりという意味があるらしく、おしゃべりをしながら楽しく召し上がって頂きたいということです。なるほど。

Item: 3じのビスケット
Area: 岐阜
Maker: (名)山本佐太郎商店

パッケージの女の子にもう3時だよ。おやつにしなよ！って言われた気がしてついつい食べてしまうお菓子です。石臼挽き小麦ブランの風味が香る生地を焼き、国産の米油でさっとほんのり自然塩をまぶした安心、素朴なおやつです。

Item: アイスコーヒー
Area: 秋田
Maker: 08COFFEE

秋田のロースター＆カフェである「08COFFEE」さんが誇るアイスコーヒー。4面のイラストで完成される秋田の名物や名所のイラストは福田利之氏。さすがです。

Item: グラノーラ
Area: 東京
Maker: (株)GANORI

「GANORI」ブランドのグラノーラ。GANORIさんにはJAMCOVERのオリジナルグラノーラを作ってもらってます。フレッシュで厳選された有機の材料を使ったグラノーラです。この丸い紙管のギフトボックス、スタイリッシュで良くないですか？

Item: カラフルペンシル
Area: 東京
Maker: カンロ(株)

ペンシル型のキャンディです。透明なペンシル型の中にぶどう、マンゴー、いちご、りんご、レモン、もものフレーバーがあります。ミニミニの手さげ袋に入っているのがオシャレさん。ちょっとしたギフトに大活躍です。

Stationery

Go to find stationery

私は人間が不完全なせいか「新しすぎるもの」「キレイすぎるもの」や「整いすぎたもの」「カッコイイもの」が居心地、悪いんです。

「ノスタルジックなもの」「不完全なもの」「手仕事を感じるもの」「甘くない可愛さ」にホッとします（JAMCOVERもそんなお店ですし）。

あれ、でも待てよ。「昔のカッコイイ」は割と好きかも。

例えばプラスチックでできたモーターボートの鉛筆削り。これが人気の時代があったのだろうか？　おじさん達が「カッコイイ」とこども達が憧れるだろうと幻想を抱き作ったのだろうと推測します。「カッコイイ」の着地点がそんな時代っていいなぁ。

「昔は可愛くなかったはずなのに、今、この時代に見直すと可愛いのでは？」という微妙なラインも好きかも。

例えばモスクワオリンピックのキャラクター「ミーシャ」。はじめは、ちょっと外国っぽい地味なクマちゃんだなぁと子供の頃思っていて、特に心惹かれる存在ではなかったのですが、大人になるにつれ「あれっ、何だか古っぽくて可愛いかも!?」という認識に変わってきました。今は「ミーシャ」に出会えると、子供の頃の友達に会えたような気持ちになるのです。

海外のひなびた文房具屋さんで、棚の隅っこのほうに忘れ去られて並んでいる雑貨に会えたときも、懐かしさとうれしさと「私が来るのを待っててくれた！」と感じます。

色のあせたプラスチックのネズミ貯金箱とか、鉄でできた重くて渋い目玉クリップとか。

「こんなによい雑貨なのに、今まで残っていたなんて何で？　しかもデッドストックだし!!」と、興奮するのと同時に「雑貨好きな人にお見せしたいぞ（うずうず）」、「絶対、この雑貨を私のように運命だと思ってくれる人がいる！」と感じて、そっと日本へ連れて帰ってきます。

「非売品が欲しいあるある」もあります。欲しいものが売っているものとは限りません。

例えば「昔のどっかの販促物の段ボールでできたディスプレイ箱」。もちろん、売り物ではありません。大体、ガラクタが入ってほっとかれています。私にとっては、雑貨なので、も〜〜〜……欲しい！ 欲しい!!

「この箱が欲しいのですが」とまずは切り出すと運良くもらえることもあるけど、「売って欲しい」といったら、今までは全然大事にしてなかったのに急に惜しくなるようで、“売ってくれなくなる”もしくは“ふっかけられる”という極端な反応が待っています。

そんなことにならないよう、相手が身構えないように対応するのがポイント。先ほどのようにがっついてはいけません。“興味はないけど、ちょっと聞いてみただけ”というさりげなさで切り出すと、意外とスムーズに話が進むこともあります。

そうか。買い付けってある程度のナチュラル風な演技力が必要なのかも？　蚤の市なんかでも欲しいものも、価格を聞いて“その価格だったらいらないな”的な素振りで立ち去ろうとすると、「ちょ、ちょっと待ちなさいよ。この価格でどう？」なんて、交渉ができたりするのです。

他にも、デッドストックの紙袋やマッチやノート、絵本など、経年変化で良い味になっているものなど、私は時代を超えた雑貨の色や紙などに宿命的に惹かれます。

そんな、オザワ目線の『Stationery』をお楽しみください。

Item: 木製のそろばん
Country: チェコ

何も知らずに買ってきましたが、チェコのそろばんだそうです。上部に時間を勉強できる時計がついているのも良い感じ。チェコの人は、ものすごく暗算や計算が上手だったのでびっくりした覚えがあります。

82

Item: ポストカード
Country: ロシア

ヴィンテージといっても良いくらいソビエト時代の古さが良い感じのミーシャやチェブラーシカのニューイヤーカードです。ミーシャさんはマトリョさんと夢の共演。すごく良い色とイラストタッチ。真似できないな。

Item: BONNE NUIT LES PETITS の人形
Country: フランス

「おやすみなさい こどもたち」というテレビ番組（1962–1973年）のニコラとピンプルネルとクマのヌーヌーの人形です。「クマのヌーヌー」絵本の３シリーズで育ったので、20年ぶりにフランスで再会した時に感動しました。

Item: ドミノパズル アニマル
Country: フランス

「FERNAND NATHAN 社」のカード型のパズルの動物バージョン。フランスのリールという街で見つけました。カードの左右のイラストをみながら並べていくゲーム。意外と難しい。とにかくイラストが良いです。

Item: ペンシルチョコ
Country: イタリア

イタリアさんお茶目です。鉛筆の容器の中に棒状のチョコがおおよそ 10 本入っています。しかも鉛筆容器のペン先が色鉛筆になっていてお絵描きができます。チョコを食べながらお絵描きできる優れもの。

Item: ラッパ
Country: ドイツ

これも東京の「マルクト」さんで見つけました。アドバタイジングものかもしれません。ヨーロッパの郵便屋さんといえばラッパやホルン。郵便屋さんごっこに使えますね。

Item: ボールペン
Country: ベトナム

事務系＋可愛いテイストの合わせ技がめずらしい。ペン先のサイズは0.5mmでも0.7mmでもなく0.8mmっていうのも気に入っちゃった要因。センス抜群だけど、お高いものでもないので日常使いに良いですよ。

Item: レター＆ペンスタンド
Country: ポルトガル

木製でできたペンやレターやカードを立てておくスタンド。レター型で格好良いです。

Item: 時計スタンプ
Country: タイ

針を書いて勉強すると思われ2種類あります。何度も使えるスタンプの良さが活かされた雑貨ですよね。タイでは学校などで使われているのでしょうか？

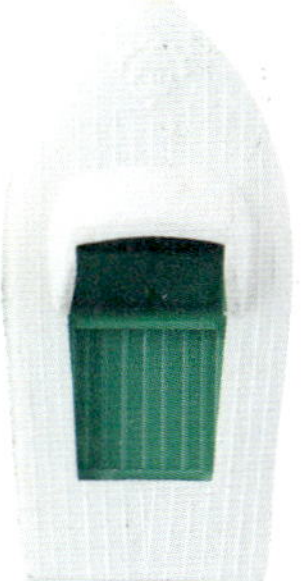
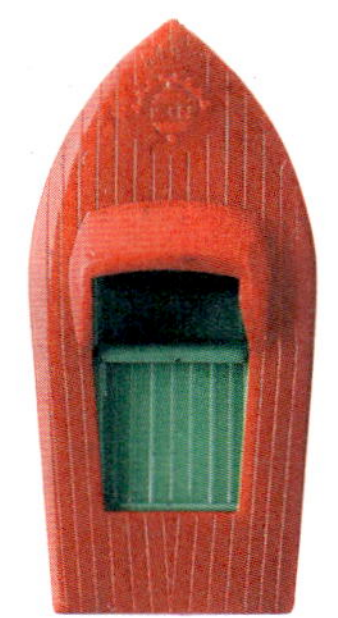

Item: モーターボート
えんぴつ削り
Country: ドイツ

東京の「マルクト」さんで見つけた時は大喜びでした。モーターボートのモチーフって雑貨業界ではあまりないし、それをえんぴつ削りにするなんて最高です。しかもデッドストックで出会えるなんて、感動です。最高ですよ。「KIN社」さん！

Item: 文字スタンプ
Country: フランス、チェコ、ドイツ

スタンプ好きの中にも文字マニアの方々がいます。文字や数字がフォントになってデザインされているのがたまりません。色々な国の会社名や住所、チェック用などのスタンプ。これは集めるだけでなくコラージュやデザインで使ってます。

Item: マッチラベル
Country: チェコ

チェコにはマッチラベルコレクターがいます。チェコだけマッチラベルに熱いのか謎なのですが、チェコの文化ですよね。ものすごく良いデザインが多いので集めちゃうのも納得なんですけど。

Item: ペンシルケース
Country: チェコ

本体が紙筒でペン先が木製のデッドストックです。えんぴつ、ペン、カッターなどステーショナリー類を収納できます。表の標識は底をまわすと表示が変わります。標識は6ページ。種類は30個学べます。

Ellenőrző sorszámtömb (sárga)

Vstupenka 09

Item: チケット
Country: チェコ、ハンガリー

連番のチケット。多分クロークとかの引換券に使うのだと思います。私は数字やフォントのデザインが好きなのでコラージュ製作やラッピングなどに多用しております。オススメですよ。

Item: キャラクターマッチ
Country: ロシア

「nico」さんから譲ってもらった、ロシアのマッチ。なぞのキャラクターが表紙。これは４柄ですが、本当はもっとたくさん、もっとなぞなキャラクターや動物がおります。ちなみにマッチの先がちっちゃいけど、ちゃんと火が着くのかな。

Item: 紙袋
Country: クロアチア

クロアチア語がわからず、意味のある数字だと思うのですが、デザインにしか見えません。デザインの完成度が高すぎて。クロアチアの雑貨はあまり手に入らないので、それだけで結構テンション上がります。

Item: 東欧の紙セット
Country: チェコ、スロバキア、ドイツ

可愛いものから、奇怪なデザインのものまで色々な紙です。紙質もグラシン紙やワックスペーパーのように良い感じ。こういうのをたくさん持っていると豊かな気持ちになれます。ちょっと使っても、ストックがあると安心します。

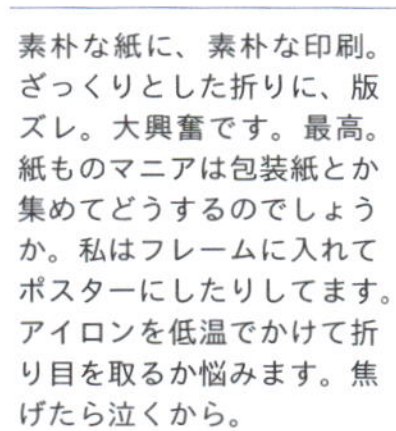

Item: デッドストックの紙もの
Country: チェコ、ドイツ

大きさは色々だけど、厚紙系のものはメッセージカードかな？ クリスマスチックなのでウインター仕様です。たばこのイラストの袋は、何を入れる用？ 印刷の雰囲気が良いですね。

Item: デッドストックの包装紙
Country: ハンガリー、ドイツ

素朴な紙に、素朴な印刷。ざっくりとした折りに、版ズレ。大興奮です。最高。紙ものマニアは包装紙とか集めてどうするのでしょうか。私はフレームに入れてポスターにしたりしてます。アイロンを低温でかけて折り目を取るか悩みます。焦げたら泣くから。

Item: ペンギンの人形
Country: フランス

ゴムの人形。フランスの蚤の市で買った時、マダムとひともんちゃくありました。蚤の市では価格交渉するのですが、絶対1ユーロも安くしないと言い切るマダムに根負けして言い値で購入。後で計算しなおしたらかなりお安かったので、マダムに悪いことをしました。

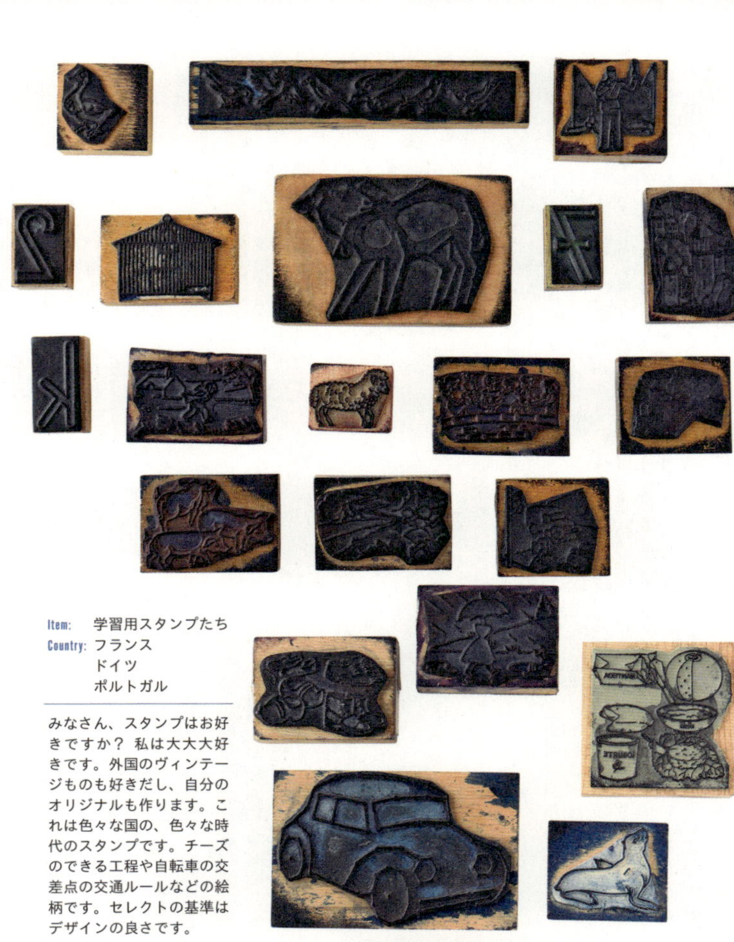

Item: 学習用スタンプたち
Country: フランス
ドイツ
ポルトガル

みなさん、スタンプはお好きですか？ 私は大大大好きです。外国のヴィンテージものも好きだし、自分のオリジナルも作ります。これは色々な国の、色々な時代のスタンプです。チーズのできる工程や自転車の交差点の交通ルールなどの絵柄です。セレクトの基準はデザインの良さです。

Item: アニマルマスク
Country: イギリス

日本のキャラクター性の強いお面だと雑貨って感じしませんが、この動物達は雑貨ですね。ハリネズミとフクロウ、ウサギ、ヤギやヒツジなどなど。これはオトナサイズ。ちびっ子サイズものも作っているメーカーもあります。

Item: ワニの人形
Country: ロシア

チェブラーシカの相方のゲーナさんです。動物園に「ワニ」としてお勤めで、その時は洋服は着ていません(ワニなので)。職業ワニの仕事が終わると背広と蝶ネクタイでおしゃれをして帰る、イカしたワニさんなのです。

Item: ハリネズミの人形
Country: ロシア

ソフビのハリネズミさんの人形。ハリネズミの座っている姿勢のアイテムはめずらしいですね。ソフビってソフトなものからセミハード、ハード とありますが、この子はハードタイプでございます。

Item: クイズスタンプ
Country: ポルトガル

学習用のスタンプです。左右の列の正しい組合せをあてるクイズがスタンプになっています。ワンちゃんは犬小屋? 鳥は巣? ウサギは小屋? 蜂のおうちはどれかな? いまいち正解に自信がもてないですが。

Item: スタンプセット
Country: ポルトガル

「AGATA CRIACOES社」のスタンプセット。箱がまた良いのです。70年代風のタートルネックを着た男の子が表紙の箱。15個入り。しっかり使った形跡があるので、ちびっ子達が勉強したんでしょうね。

Item: 古いMAP
Country: チェコ

私は方向感覚秀才なので地図にも強いタイプです。だからか古いいろいろな国の地図やルートマップに興味があります。精密な等高線があるものから、街の郵便局の場所がわかるざっくりとした地図まで。地図ラブです。

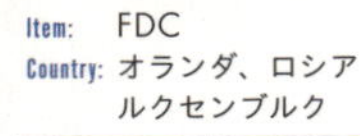
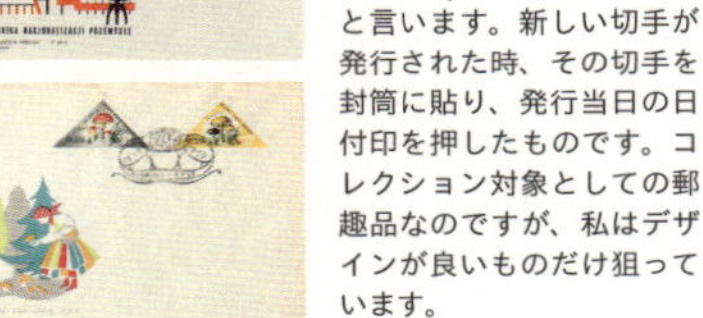

Item: FDC
Country: オランダ、ロシア
ルクセンブルク

First Day Cover。通称FDCと言います。新しい切手が発行された時、その切手を封筒に貼り、発行当日の日付印を押したものです。コレクション対象としての郵趣品なのですが、私はデザインが良いものだけ狙っています。

Item: ドミノパズルオブジェクト
Country: フランス

「FERNAND NATHAN 社」のカード型のパズルです。本物っぽくしない可愛らしいタイプの木目調なのがすごく良いです。イラストが雑貨っぽくて大好きなパズルで、宝物のTOP10に入るかも。

Item:　ミーシャのペナント
Country: ロシア

モスクワオリンピックのマスコットキャラクターのミーシャと五輪がプリントされたペナント。私が子供の時「こぐまのミーシャ」という番組がありましたが、ミーシャは大人になってから出会い直して好きになっちゃったパターンです。

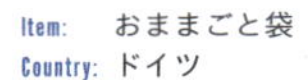

Item:　おままごと袋
Country: ドイツ

ちびっ子たちが、お店屋さんごっこをする時の紙袋。八百屋さん、食品屋さん、ベーカリーになって遊べます。ちゃんと子供銀行のお金もついています。

Item:　カードゲーム
Country: ドイツ

ざらっとしたような素材のコラージュとイラストを合わせたデザインの雰囲気が最高にしびれます。可愛過ぎない、甘くない可愛さというJAMCOVERのセレクトルールにぴったりのデザインです。

Item: マスキングテープ
Country: 日本

広がりをみせるマスキングテープの世界。ブームではなく定着したのがすばらしいですよね。コラージュの素材になるものや、シール代わりになるものなど、使い方も色々。JAMCOVERはレアなものや使いやすい柄に注目＆セレクト。

Item: のり
Country: ドイツ

「DONAU社」の液体のり。タワーのようなデザインがお気に入りです。これ以外に書類入れも愛用しています。実用とデザイン性の良いものが文房具はポイント高いですよね。

Item: 勉強用の時計
Country: タイ

タイの学校や家庭で勉強するときに使うようです。時計のデザインは万国共通なんですかね。雑貨的で可愛いです。お店のオープン時間に使ったら可愛いと思いました。

Item: 動物新聞
Country: 日本

「トラネコボンボン」さんが発行する動物新聞。動物のことを知ったり、相談にのってくれたり、ワールド100％のイラストで両面が印刷されている新聞です。

Item: ビニール製の手さげ袋
Country: タイ

タイの文房具のイメージを180度変えてくれた袋です。ドットとレジメンタルストライプが今っぽくて可愛い。プリントをキレイに仕上げようという執着がないところが力が抜けていて好きです。

Item: アザラシ温度計
Country: ドイツ

アザラシちゃん形のお風呂に浮かべてお湯の温度を測るための温度計です。お風呂の温度測らないしな〜と何度も悩んで、「スコス」さんでやっぱり買っちゃいました。温度計として使えばいいんだと閃いてアトリエで使ってます。

Item: 紙袋
Country: アメリカ、イギリス

薄い紙質に印刷されたストライプがツボの紙袋。日本人がチョイスしそうなインクカラーもナイス。もったいなくて使えない人が続出だと思います。

Item:　テクニカルノート
Country: ハンガリー

ハンガリーの車の整備士さんのような技術者がテクニカルなことを記入するためのノートのようです。上製のノートが好きなので、「チェドック」さんで見つけて即買いでした。持っているだけで満足です。

Item:　ブルーのノート
Country: ブラジル

ツルツルの紙が貼ってある上製本タイプのノートです。「Jandia 社」製。さすが上製タイプです。卓球ができそうなくらい頑丈です。色の鮮やかさがブラジルのお国柄を感じましたよ。

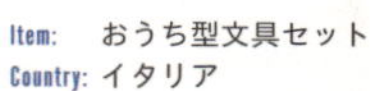

Item:　おうち型文具セット
Country: イタリア

15年位前にJAMCOVERでも売っていたシリーズ。お家の中に色えんぴつ、絵の具、クレヨン、筆などステーショナリーが引き出しの中に入っている秀逸な考え方とデザインの雑貨。こういうのが雑貨ですよね。

Item: ポートフォリオ
Country: ロシア

ポートフォリオといってもただの厚紙に近いです。清々しいくらいなシンプルさ。ポケットは一応ついているので確かに書類や写真は入ります。キリル文字って格好いいですよね。

Item: 伝票
Country: ベトナム

色々な国に行くと、市場や文房具屋さんやスーパー、郵便局などで、納品書や領収証、伝票ハンティングをします。日本では想像できないタイプの紙質とデザインに出会えることがあります。見つけたら即コレクションにします。

Item: 紙製のパズル
Country: フランス

「FERNAND NATHAN 社」の世界の民族衣装を組合せるパズル。チロリアン、イヌイット、タヒチ、日本、ロシア、カウボーイ、スペイン、メキシコなど 12 ヵ所の違う文化を学べます。

Item: マトリョーシカの
チェス
Country: ロシア

私、チェスにはまったく興味がなかったのですが、このマトリョーシカのチェスは別格でございます。可愛さとは裏腹にやりにくそうなチェスセット。ルールのわからないまま見た目重視で写真を撮っちゃいましたよ。すみません！

Item: ペイントマトリョ
Country: ロシア

柄の入っていない木地のマトリョーシカを自分の好みでカスタマイズ。立体のぬり絵って難しいけど完成すると達成感がありますよ。マトリョと５色の絵の具と筆がセットされています。ニスを塗ると、さらに完成度が上がりますよ。

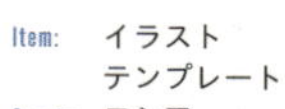

Item: イラスト
テンプレート
Country: ロシア

子供の時、下敷きのようなテンプレートでイラストや図形を描きませんでしたか？ これは４歳以上の人に向けた学習用テンプレートだそうです。海の動物とキノコの柄。サンプルの絵がリアルなのがロシアチックですね。

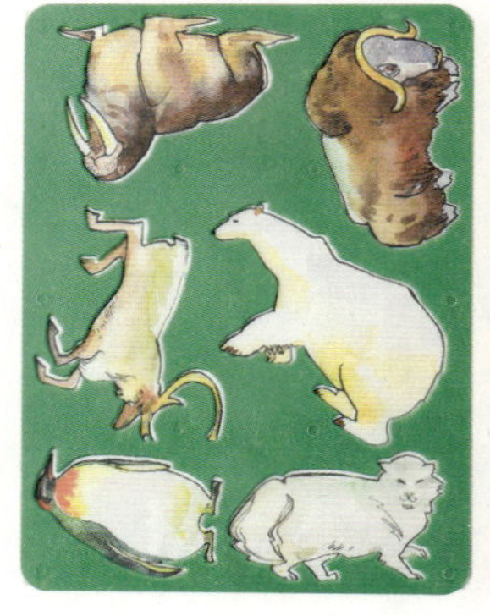

Daily use

Item: クッキー型
Country: ドイツ

ドイツの「STÄDTER 社」の作る精巧なクッキーカッターです。タコの目の部分は切り抜かれず、模様として押されます。タコがほうきをもっているようなストーリー仕立てのクッキーも作れ、色々な展開が広がります。

Item: ネコのマドラー
Country: フランス

クロネコちゃんのマドラーです。多分、お顔の部分でドリンクをかき混ぜるのだと思うけど申し訳なくて使えません！ 体のほうでかき混ぜる？ 結局悩んで今日も使えません。

Item: ペンギン
ティータイマー
Country: イギリス

この Mr. ペンギンはかなりの実力者。くちばしにティーバッグをかけ、お湯の入ったティーカップへティーバッグをイン。横のタイマーで時間を決めておくと、時間が来たらティーバッグを引き上げてくれます。さすがイギリスさん。考えましたね。

Item: 食パンのお皿
Country: 日本

朝ごはん専用のお皿を一枚持つとしたらこの食パン皿を選びます。「榛名陶芸工房」のりらさんの手作りです。何をのせても決まっちゃう。目玉焼き、サラダ、フルーツ、チーズ、やきそば、コロッケ。まるで食パンの上にのせているように見えて可愛いのです。

Item: ストライプの
紙コップ
Country: 日本

ストライプ、ボーダー、レジメンタルストライプなどシマシマなものが大好きです。日本にもこんな雑貨的な紙コップありましたよ。ジュースを入れる他に、強者はカップケーキとか作っている人もいましたよ！ビックリ。

Item: バゲット用
ロングプレート
Country: 日本

私はパン偏愛真っ只中です。そんな訳で、自分用のバゲット用ロングプレートを製作。スライスしたバゲットやブルスケッタを乗せたいです。長いボディのお皿は焼成する際に反っちゃって難しいのです。

Item: こどもティーカップ
＆ソーサー
Country: ドイツ

1971年のドイツ製。リスとクマとたぶんオオカミ。かなり気に入ってます。動物も裏面の文字も一点ずつ手描きされています。ベルリンの蚤の市で見つけた時には興奮しすぎて、鼻血が出そうになりました。

Item: アニマル紙ふうせん
Country: フランス

デザイナー、ナタリー・レテさんの手掛けた紙ふうせん。日本の紙ふうせんのようにボールのように遊ぶのではなく吊るして飾るのがオススメ。上部に糸もちゃんと付いてます。ベースはパラフィンペーパー、顔は紙製シールを貼っています。

Item: アニマル水鉄砲
Country: 中国

近頃のウォーターガンは何かとハイテクですが、これは水鉄砲と呼ぶのが良い気がするほどローテクです。しかも、やけに悪い顔をしたクマとピューマ。水はもちろん口から出ます。間抜けなとこが愛おしいです。

Item: タツノオトシゴジョウロ
Country: エストニア

信じられません。このデザイン。タツノオトシゴ型のジョウロです。しっぽがくるりとハンドルになっています。タツノオトシゴでわざわざ水やりをするという感覚。誰が作ったのでしょうか。その人天才ですね。大興奮です。

Item: クジラのぬいぐるみ
Country: 中国

初めて「クジラっていいかも？」と思ったぬいぐるみです。体のもようがプリントされているマッコウクジラ。リアルな体のデザインに対し、デフォルメされた歯がファンタジー。

Item: イヤリング
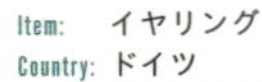
Country: ドイツ

お花や雪の結晶のイヤリングです。50年代に作られたこういうデッドストックらしいイヤリングはこの頃だいぶ減ってきましたね。レアな存在になっています。デザインがやっぱりいいな。

102

Item: つけかえイヤリング
Country: ドイツ

JAMCOVER ではめずらしいドイツのデッドストックのつけかえ可能なイヤリングセットです。6コ分のイヤリングになります。かなりお得です。

Item: イヤリング
Country: フランス

プラスチックやビニール素材のデッドストックお花のイヤリングです。今ではなかなか見かけないデザインで、ファッションのポイントとなるような存在感がJAMCOVER でも人気です。

Item: 木とガラスのカップ
Country: ドイツ

ドレスデンのエルベ川沿いの蚤の市で見つけました。木の部分がホルダーになっているモダンなカップ。薄いガラスのコップだったので日本へ送る際に割れないかと悩みましたが、デザインがあまりに良いので勢いで買ってきました。

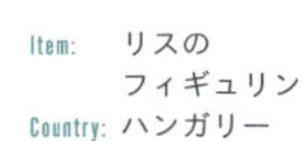

Item: リスの
フィギュリン
Country: ハンガリー

1777年設立の陶磁器メーカー、ハンガリー３大名窯のひとつ。「HOLLOHAZA社」の物です。デザイン力とクオリティの高さにコレクターも多いです。リスの尻尾が陶器になってもフサフサ感があって良いと思います。

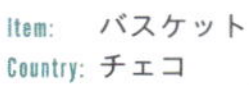

Item: バスケット
Country: チェコ

こういうヴィンテージのバスケットというかカゴバッグ？ はあまり見ません。革も柳も少しずつコンディションが悪くなってしまうので、大事に保管しています。

Item: 民族衣装の缶
Country: フランス

フランスの蚤の市で買った時からフタがなかったのですが、イラストのミリョクに負け、日本につれて帰ってきました。色々な国の人々が描かれています。不完全な雑貨も私はアリです。どんなフタだったのか知りたいですけど。

Item: 煙突そうじ屋さん
Country: チェコ

煙突そうじ屋さんのプッシュトイです。ヨーロッパでは煙突そうじ屋さんはラッキーアイテムです。幸せの象徴ということのようです。街で煙突そうじ屋さんを見ると良いことがあるらしいです。

Item: シロクマ
スノードーム
Country: カナダ

親子のシロクマのスノードームです。なぜ子グマちゃん達だけドームに入れたのか不思議ですが、とてもほのぼのとした佇まいでアトリエにいつも飾っています。細かい毛並みまで表現されていて、クオリティの高い一品です。

Item: ミーシャの置き物
Country: ロシア

モスクワオリンピックのキャラクター。プラスチック製のミーシャ君です。むき甘栗っぽい色味がかわいいです。本名「ミハイル・パターピッチ・タプティギン」という立派なお名前です。

Item: ハイジの時計
Country: スイス

スイスらしいおうちにハイジがブランコでぶらさがっています。鳩時計ではないので、鳩がでてくるかわりに青い鳥がちょっと動きます。エーデルワイスが可愛いですね。

Item: ネコのドアストッパー
Country: ニュージーランド

こう見えてこのネコちゃんは特技があります。体を張って室内のドアを開けたままストップしてくれ換気や出入りに便利です。実はドアをとめられるように重みがあります。お顔も刺しゅうでかわいいです。こういうのが雑貨ですよね。

Item: 目覚まし時計
Country: ロシア

手巻きの目覚まし時計です。アニメで見かけるようなベルが鳴る時計は今までの人生で見ることがありませんでした。ベルを打つバチみたいなものを巻くネジが、時計のネジと別にあって感動しました。

Item: ハンカチ
Country: ロシア

素朴な作りのいかにもロシアなハンカチです。前時代のロマンティック路線はこんな感じだったのでしょうね。レースもちゃっちくてたまりません。吸水性が良いわけではないので、個人的にはインテリアとして飾る方がオススメです。

Item: フクロウの温度計
Country: フランス

蚤の市でフクロウさんに出会った時、広げたシートには木の影と葉っぱが落ちていました。そのシルエットにまるで木の中にフクロウさんが止まっているようにそっと存在していたのに心が奪われました。青い目から目が離せませんでした。

Item: 棚飾り
Country: ポルトガル

棚のフチに貼ってお部屋をデコレーションする紙でできた棚飾りです。ドアの上部やどこにでも使ってください。ポルトガルではポピュラーなものなのでしょうか？

Item: おうちの置き物
Country: フランス

106

木でできたおうち。一見、屋根が開きそうですが、どこも開かないただの置き物です。何の目的で作ったのか気になります。やわらかい色と線の緩さが良い、雑貨な香りがするおうちです。

Item: 和梨のコップ
Country: 日本

デッドストックのグラスです。和梨は探しても意外と見つからないモチーフ。実は洋梨よりも、かなり雑貨なモチーフと思っています。

Item: 植物の種
Country: イギリス

普通、種のパッケージといえば成長した植物の写真が多いと思うのですが、パッケージはイラストしかも線画です。 着色もなし。オシャレすぎますね。

Item: 木目調キャニスター
Country: ドイツ

東京の「マルクト」さんで買ったキャニスターです。ブリキに木目調をほどこしたものになぜか弱い私。しかもラブリーで控えめなお花が描かれていてため息ものの可愛さです。最強のキャニスターです。

Item: ネコの置き物
Country: エストニア

顔は木、耳は革、体はモールでできています。エストニアのデザイン力の高さがわかるようなクロネコちゃんです。良く見てみると笑ってますね。口とちょうネクタイがくっついていてちょっとわかりにくいのですが。

Item: カゴバッグ
Country: アメリカ

木で編んだバスケットにハンドペイントで街並みを描いた名作。ちなみに中はキルティングされた生地が内貼りに。一点物でコレクターさんも多いシリーズです。フタのペニー硬貨の年が作られた年なんだそう。

Item: ポーリッシュポタリー
Country: ポーランド

ボレスワヴィエツはドイツやチェコの国境に近いポーランドの街で、そこで作られた陶器が「ポーリッシュポタリー(polish pottery)」と呼ばれています。何万という絵付けのパターンや幅広いアイテムが大きな魅力で、スタンプで絵付けをする独特の手法で作られてます。また、電子レンジ、オーブン、食洗機、キャンドルであれば直火もOKな実用性も魅力。手仕事感がJAMCOVERと相性抜群で、お店の人気ものです。

マグカップ

アップルポット

ミニチュアセット

アップルミニボウル

チーズレディ

Item:　ミーシャの人形
Country: ロシア

モスクワで実施された第22回夏季オリンピックのマスコット「ミーシャ」です。陶器タイプ。いつもお尻をプリッとさせてて「いいねー！」って思います。男性も女性も好きなキャラクターなのではないでしょうか？

Item:　イノシシグラス
Country: ドイツ

普段、干支なんて気にしたこともなかったのに、このイノシシくんのコップに出会ってから、イノシシくんが気になります。ちょっとリアルで怖いイノシシなので、あまり目をあわせないようにしています。

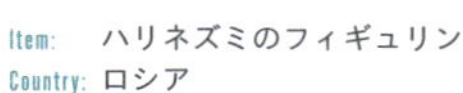

Item:　ハリネズミのフィギュリン
Country: ロシア

「Lomonosov 社」（現在は「インペリアルポーセレン社」）は、ヨーロッパで４番目に古いサンクトペテルブルクの陶器メーカー。ちょんとした佇まいと手の合わせ方がたまりません。

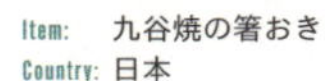

Item: 九谷焼の箸おき
Country: 日本

石川の「工房あめつち」さんの磁器の箸おき。細かい絵付けで本の見開きを表現していますね。見開きの本を箸おきにしようと思うセンスにも脱帽です。

Item: ネコのフォーク
Country: ドイツ

「FACKELMANN 社」。ネコちゃんの缶切りと同じ会社のシリーズです。フォークの先１本が四角くなっているのは缶詰めの中身をとりやすいように工夫されています。ネコ缶使用の際の相棒です。

Item: クマの人形
Country: エストニア

硬いスポンジが起毛しているような、なんとも言い難い気持ち良い触り心地。JAMCOVER では通称「焼きドーナッツ風」と呼んでいるヴィンテージのぬいぐるみです。寄り目の表情がたまらないなぁ。

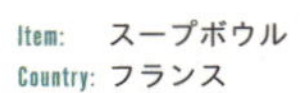

Item: スープボウル
Country: フランス

不思議議な形のボウルじゃないですか？ 実はクマちゃんのコルクを抜くと、中にお湯を入れることができ、保温できる仕組みになっています。これならちびっ子たちがゆっくり食べても、最後まで温かく食べることができますね。

Item:　ネコの缶切り
Country: ドイツ

ネコちゃんのモチーフの缶切りです。日本製ではあまりみないエッジの利いた切り口。鋭利でキケンです。私はネコ缶を開ける時専用で使っています。ネコちゃん達缶を開ける音を聞きつけて走ってきます。

Item:　フェーブ
Country: フランス

フランスのお菓子、ガレット・デロワに入れる小さな人形。1月6日公現節にガレット・デロワを切り分けます。フェーブが入っていた人は王冠をかぶり祝福をうけ、幸運が1年続くそうです。フランスにフェーブを作る村があるらしく、いつか訪ねたいです。

Item:　お花柄の
ガラスピッチャー
Country: チェコ

デッドストックのガラスのピッチャー。元々の使い道はわかりませんが、お醤油差しにしようかと思ったものの可愛すぎて断念しました。コップやプレートなどもシリーズとしてあったと思いますが、私はやっぱりピッチャーでしたね。

Item:　キノコのおじさん
Country: ロシア

ソビエト時代はソフビが充実していて、へんなキャラクターが豊作です。このキノコのおじさんもヒゲが長いんだか菌糸的なものなのか、じっくり考えると色々なものにみえてきて面白いです。

ロバのマグカップ

おじさんと
おばさんのお皿

丸いタイル

Item: フォルミガ工房の焼き物
Country: ポルトガル

112

ポルトガル中部地方のアヴェイロ近郊の小さな町にある、小さな焼き物の工房です。三人の職人が、昔ながらの技術でポルトガル陶器の伝承につとめています。小さな工場で作られた焼き物を工房へ運び、絵付けの作業に入ります。作品のすべてが自分たちの目の届くところで作られている、理想的な物づくり。代々の職人から受け継いだ、50年以上も前に作られた古い紙型の絵柄を使う反面、新たな絵柄に挑戦したり、コラボレーションしたりと意欲的な面もこの工房の特徴です。絵付けはステンシルなので、ちょっと優しい表情になります。アンドリーニャさんがデザインして、「フォルミガ工房」さんが作った「おばちゃんと干し鱈（バカリャウ）タイル」は、ポルトガルの「バカリャウ博物館」のミュージアムショップでも売っているそう！

四角いタイル

Book & Music

1. le livre des bêtes

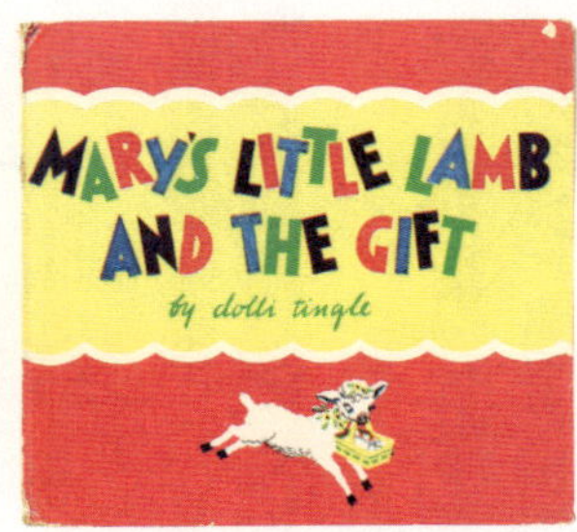

4. MARY'S LITTLE LAMB AND THE GIFT

5. DIE KOCHJULE

2. Iciri-piciri

3. le loup et les sept chevrettes

6. nounours et les carottes

1. 50個の物語と11個のポエムの絵本。表紙のクマの親子が好きです（1967年／フランス）／2. かぼちゃから小さなウシが飛び出しびっくりしたり、クロネコやキノコのイラストが雑貨的で可愛い絵本です（1976年／ハンガリー）／3. チェコで買ってきました。『オオカミと7匹の子ヤギ』のポップアップブックです。オオカミをやっつけろ！（不明）／4. 小さいヒツジのMARYちゃんのストーリー。フォントがステキ（1968年／アメリカ）／5. 生地や糸のコラージュ写真絵本。ページいっぱいに可愛らしくコラージュされていて、ストーリーよりもデザインに注目（1962年／ドイツ）／6. クマの家族とにんじんの物語。イラストが良い感じに雑で良いですよ（1976年／フランス）

7. Kinder, heut' ist wochenmarkt!

8. Az elsö pogàcsa

9. Olvasókönyv

10. Robby

11. Harry

12. Jolly

7. 市場の風景やできごとをコラージュで表現。ちびっ子向けではなく大人っぽいです（1957年／ドイツ）／8. 厚紙のじゃばら絵本で、ヨコに開くと全長123cmもあります。紙が超厚紙なところも珍しいし、色の合わせ方や力強いイラストが魅力の絵本です。（1976年／ハンガリー）／9. 表紙と裏表紙を開いたときのイラスト、デザインが素晴らしいです。169ものストーリーを収載（1982年／ハンガリー）／10-12. ミニ絵本シリーズ。サイズが飾りやすいですね。ポケットに入れて、色々な場所で読みたい。左から、リスのロビー、キツネのハリー、アヒルのジョリーが冒険する物語。キツネが可愛すぎます（1963年／西ドイツ）

2. petite abeille s'ennuie

3. petite abeille et le poisson rouge

1. la grande nouvelle

4. les noix LE CHAPARDAGE

5. petite abeille est maman

6. petite abeille a un petit frère

1-6. フランスの『プティット・アベイユ・シリーズ』。60年〜80年代前半にかけて、DUPUIS 社から発行されていた絵本シリーズです。ピリ・マンデルボームが、糸や生地などのコラージュが、とにかく可愛い本。タイトルのフォントの違いなどがたまらない。27巻くらいまであるらしく、見つけると買い付けるタイトルです。1.『ステキなお知らせ（2巻）』／2.『退屈（1巻）』／3.『赤い金魚（15巻）』／4.『くるみ（5巻）』／5.『おかあさんになる（12巻）』／6.『小さな弟（3巻）』（フランス）

7. Kapesni ATLAS ROSTLIN

8. SVAMPE I FARVER

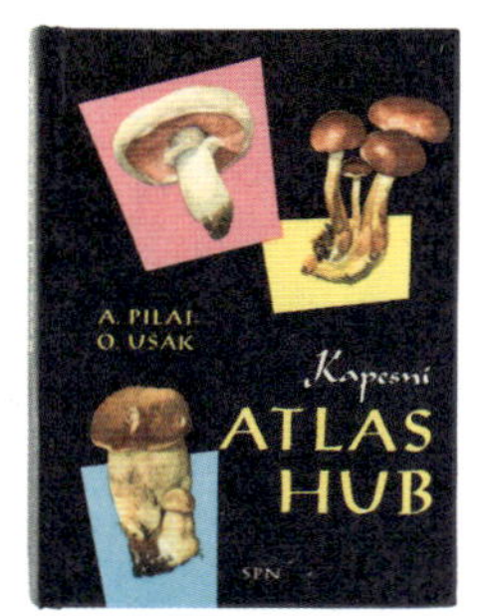

9. Kapesni ATLAS HUB

10. JE SAIS TOUT

12. Tilapin s' est coupé

11. EZ NEKED IS SIKERÜL

13. Geschenke basteln für groß & klein

7. タイトルの訳は「ポケットサイズの植物本」という意味です（1968年／チェコ）／8. Politikens Forlag著。渋いイラストが全部で343点掲載されているキノコ図鑑（1956年／デンマーク）／9. どこでも調べられるよう、携帯に便利な小さめサイズのキノコ図鑑です。手描きのイラストが良いです！（1962年／チェコ）／10. アラン・グレの絵本。数字や花、色、のりもの、民族などを学べます（1969年／フランス）／11. イラストで切り絵やポテトスタンプなど工作を教えてくれるクラフト本（1956年／ハンガリー）／12. CARROUSELシリーズはフランスの絵本シリーズで1966年〜71年まで48種類の絵本が出版されていました。表紙のブラウン管テレビの画面のようなトリミングがワクワクさせてくれ、とても気に入ってます。（1968年／ベルギー）／13. ネコクッション、BOXのペイント、ろうけつ染めや革小物など本格的な写真クラフト本です（1970年／ドイツ）

1. L'ARBRE DE NOËL

2. STOFTRYK som hobby

3. TOY BOOK

4. McCALL'S GOLDEN DO-IT BOOK

5. 16 L' ALUMINIUM

6. Frisch gestrichen und bemalt

1. 厚紙にクリスマスのオーナメントが印刷されていて、切り抜いて飾れるようになっています（1966年／フランス）／2. シルクスクリーンやブロックプリントなど生地への印刷方法を紹介した本（1975年／デンマーク／テキスタイル本）／3. 子供たちがキューブテレフォンやポケットパラシュート（!?）を作っているクラフト本です（1976年／アメリカ）／4. イラストと写真で、あみぐるみや糸まき、くつ下のあやつり人形やモビールなどの作り方を教えてくれます（1962年／カナダ）／5. アルミを切ったり曲げたりする写真の工作本。ロボットかぶってます。ロボットいいね（1974年／イタリア）／6. ハンドペイントで家具や扉にプリントするパターンの提案の本です（1969年／ドイツ）

7. Børnenes Idébog

8. Jule Idéog

9. TRABALHOS MANUAIS EDUCATIVOS

10. Bastelspaß

11. comment soigner ses animaux?

12. comment soigner ses plantes?

13. comment occuper mes jeudis?

7. 紙ねんど、切り絵、木工、ぬいぐるみなどクラフト本について紹介されてます（1972年／デンマーク）／8. オーナメントやキャンドル、クリスマスにまつわるクラフト本（1971年／デンマーク）／9. ポンポン動物、葉っぱの動物などなるほどというアイデアがあり楽しいクラフトアイデアがあります（ポルトガル）／10. 写真のクラフト本。指人形や紙ねんど、キャンドルスタンドや石にペイントしたり、アイデアは自由だ！と思いました（1987年／デンマーク）／11-13. commentシリーズ。カトリーヌ・カンビエさんのイラスト。70年代の雑誌の記事 “Journal des cinq"という仲良し女の子5人組のそれぞれの出来事が本になったシリーズ本（1971年／フランス）

1. Elle pousse ma JACINTE

2. JE COMPARE JE MESURE

3. ZAHLENSPIELEREI 123

4. J' apprends à compter

5. Guten Abend, lieber Sandmann!

6. LES BELLES HISTOIRES DE Daniel et Valérie

1. ヒヤシンスを男の子が球根から育てて花を咲かせます。写真スタディ本（1965年／フランス）／2. 両面表紙の絵本で、中身も左右から進んでいるので、右から読んだり、左から読んでたのしい本です（1977年／フランス）／3. 数字を覚える絵本。イラストや文字のデザインが可愛い！ チェコで買いました（ドイツ）／4. アラン・グレの数学を学ぶ絵本。全部のイラストが可愛い（1974年／フランス）／5. サンドマンの音符と歌詞付きの絵本。ところどころ写真が入って良い感じ（1969年／ドイツ）／6. 中身はイラストと文字で、46の物語が載ってます。表紙が良いですよね（1970年／フランス）

7. THE SHAPES WE NEED

8. PATTERN AND SHAPE

9. a kis festö

11. daniel et valérie

10. Fun To COOK BOOK

12. Aplikacijos pradinėse klasėse

7. Kurt Rowlandの視覚デザインについての解説書（1965年／アメリカ）／8. さまざまな“形”に焦点をあて、視覚的な教育を推進する目的で作られた解説書（1964年／アメリカ）／9. イラストの描き方や色のぬり方をえんぴつと水彩で学びます。イラストが可愛いです！（ハンガリー）／10. サンドウィッチ、タルトなどはじめての料理を教えてくれる絵本です（1982年／アメリカ）／11. フランス語を学ぶテキスト。イラストは可愛くて人気のNina Morelさん（1964年／フランス）／12. 幾何学から動物まで、素朴な紙にベタでプリントしている図案集。たまりません（1987年／リトアニア）

1. NATACHA

4. Marius Le Forestier

5. Gino ENFANT DE VENISE

2. heminredning

3. SPEEDY DELIVERY

6. mumintrollen

1. ロシアに住む女の子ナターシャの写真絵本。彼女の生活を紹介します（1966年／フランス）／2.スウェーデンにインテリアや家具は学べ！ という感じ。写真とスケッチと解説、オシャレです（1965年／スウェーデン）／3. クイズのような絵本。写真とイラストを合体した「謎かけ」「答え」ページがすべて演出的。アートと絵本を足したテイストが新鮮！（1973年／スウェーデン）／4. ノルマンディー地方の森林官モーリス・マッセがパトリック少年に森について大切なことを伝えるストーリー仕立て（1965年／ベルギー）／5. ちびっ子たちがゴンドラに乗ったりベニスを紹介する写真絵本（1972年／デンマーク）／6. テレビ番組着ぐるみムーミンの写真絵本！ 原案：Tove Jansson / 写真：Kenneth Thorén（1969年／フランス）

「あくびレコード」

「あくびレコード」はオーナー（オザワとカンノ）が活動している「おやつのような音楽」を集めた架空のレコード屋です（架空といいつつ、こっそりJAMCOVERに小さな小さなPOP UP SHOPを出店）。

子供が歌うもの、子供に歌い聞かせるもの、子供の世界観を持った楽曲や歌い方。鼻歌まじりで何気なく独創したような曲や、各地の民話や遊びの中に伝承される音楽、ゾウの鳴き声を真似したチューバや、効果音のようなスライドホイッスルなどなど、何度も聴きたくなるゆかいなアプローチで、子供も大人も楽しませてくれる音楽。ジャケットが“雑貨”なレコードやCD、DVDを集めています。

レコードやCDは、外国の蚤の市やバザールでも発掘します。これがなかなか一筋縄ではいかない！　ジャケットがよいのにレコードが割れていたり、入ってなかったり、はたまた違うレコードが入っていることもしばしば。油断はできません！　しかも、値段が書いてないことが多い。

店主に聞くと、いかにも適当に今決めました、といわんばかりの価格を口にされ、「高っ！」と日本語でつっこむと、急に半額にしたりするライブ感とお得感。あくびちゃん大忙しです。

本とレコードのハンティングモードって似ていて、蚤の市の同じ店で両方ゲットできることも多いです（ボタンやアクセサリーを探すモードとは違います）。

そう考えると、「あくびレコード」とJAMCOVERにある「本」は似ているかも？

感じる、眺める、飾る。雑貨感覚で楽しめるところや、聴かなくとも、読まずとも、存在意義があるもの。そして、気になるものを探し、偶然（運命的？）に見つけ出し、集め、所有する楽しさがあるところなんか類似してますね。もう「あくびBooks」も作ってしまいましょう！

1. chantent NOËL /
KÄRIN & REBECCA

3. AH! QUEL MALHEUR D' ETRE PETITE FILLE / les jiminis 3

2. chantent noël /
Karine et Rebecca

5. BONNE NUIT LES PETITS / O.S.T

4. chantent maman /
Kärine, Rebecca et Katia

1-2. 1960年代。幼少期から活躍しているフランスの少女達の、舌足らずで愛くるしい歌声によるクリスマスソングです (EP) ／ 3. ブリジット、モニカ、ロゼットは60年代フランスの3つ子ちゃん。大人になってしまうと失われてしまう、子供ならではの表現で歌っています。ちょこちょこにぎやか可愛い曲をポップに (EP) ／ 4. この盤ではKatiaが新たに参加し、仲良し3人の可愛さが歌にも反映されています。70年代フランス (EP) ／ 5. フランスの子守唄的番組の音源。日本では「おやすみなさい こどもたち」の番組名で放送。フランス版サンドマン。リコーダーのアンサンブルがワクワクします (EP)

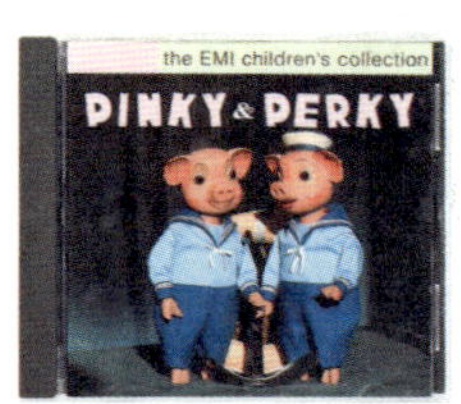

6. the EMI children's collection / PINKY & PERKY

7. Pinky and Perky / Pinky and Perky

8. PINKY AND PERKY'S HIT PARADE / Pinky and Perky

9. LA FÊTE A MAMAN vol.5 / PAULETTE ROLLIN

10. WUPPIE / VADER ABRAHAM

11. ムーミンのクリスマス / 玉川さきこ、舘野令子他

6.ベレー帽をかぶったり、ポケットチーフやリボンタイがおしゃれ。イギリスらしいお行儀の良い着こなしで、子ブタちゃん達は愉快に歌ってます。60年代音源のCD化（CD）／7. イギリス版の「虫声」として50年代から人気のある子ブタちゃん達。「虫声」とは、テープ回転や電気処理駆使した、独特の虫のような声です（CD）／8. ご機嫌なアナログオリジナル盤を、ロンドンのカーブーツセールで子供が売っていたので迷わず買い。きっと家族が代々聴いてきたものなのでしょう（LP）／9. 今ではヴィンテージ扱いな、ジャケットの中の動物人形も魅力。ほかにもいくつも同一コンセプトの類似写真を見かけます（EP）／10. ピコピコな楽曲を、何やら不思議なキャラクター達と歌うオランダの音楽家。音楽を交えて子供の育成に取り組むという立派な活動をするミュージシャンが海外には多くいるようです（LP）／11. ムーミン出演の声優陣が、歌ったりちょっとだけ会話劇を繰り広げています。クリスマスの慌ただしい情景を見事にレコードにて表現。ムーミン谷へ ゴー！（EP）

1. SOUVENIR BERIOZKA / Various Artists

2. BUDULÍNEK /
a sedm dalších pohádek

3. Children's Corner/
FRANK LUTHER

126

4. Pierre et le Loup /
Pierre Bertin pohádek

5. ПОЕТ РУБАБА МУРАДОВА

1. 地域により特性の違いが見られるマトリョーシカ。本場のロシアでも、マトリョーシカの並ぶレコードジャケットはレアです（LP）／2. チェコで見つけた、おとぎ話を数話収録したCD。日本には英語圏以外のものがあまり多く入って来ないですね（CD）／3. ジャケットは、可愛い動物のイラスト。古い紙ゲームや絵本みたいです。どうにも古めかしい編曲と演奏で贈る、子供に向けた古い歌が24曲。あとに残るは時代感……（LP）／4.『ピーターとオオカミ』のフランス盤。児童に音の楽しさを教える楽劇。登場する動物に似合う各パートの楽器を、楽しく演奏します（10inch LP）／5. どんな人達に向けて製作されたのでしょうか？ 目を引く色彩デザインのジャケットは、無造作に置かれても部屋の飾りに。旧ソ連時代のアナログ盤です（LP）

6. L'Enfant et les Sortilèges / Lorin Maazel

7. МЕРN ДАВNТАШВNЛN

8. Mergeliu Pazadai / Jonas Masanauskas

9. Songs In Spanish For Children / Various Artists

10. ŘÍKADLA podle Josefa Lady/ Josef Somr

11. LES CHANSONS DE BOB et BOBETTE/ Lisette Jambel et Jean-Pierre Dujay

6. オペラとバレエ融合の幻想的作品。ジャケットにも幻想的な世界観を巧みに表現。好奇心と勇気を持ち一歩踏み出せば、世の見え方が変わる？(LP)／7. ちびっ子によるたどたどしい演奏ですが粋です。変な踊りや、人形を操って歌ったり、不思議な子供ワールド。旧ソ連時代の映像もある様です。機会があればぜひ！(LP)／8. ジャケットの配色と音符デザインのこのレコード。旧ソ連時代に出されたものなのですが、意外にもビビッド(EP)／9. スペインの童謡です。動物の鳴き声など入っていて楽しいです。聴きながらスペイン語を勉強できるかも？ 古い絵本のようなジャケットも良い味です(CD)／10. チェコで買って来たトークストーリー(おとぎ話)です。イラストは、チェコの有名な絵本作家Josef Lada。言語、文字表記の特別なデザイン性は、英語やもちろん日本語の書体とはちょっと違いますね(CD)／11. フランスをはじめ、ベルギーやオランダでちびっ子達を魅了した冒険物語のイメージソング。ちびっ子達が夢を抱き、平和で楽しく成長するのを見守りたいですね(EP)

1. Attention dans la rue…/ Le Petit Alexandre

2. Happy Day Express / Marcy Tigner

3. danse, jolie danse 6 / Jacques Lacome

4. LEARNING TO TELL TIME IS FUN / Laura Olsher & Tutti Camarata

5. on the GOOD SHIP LOLLIPOP / PETER PAN ORCHESTRA & CHORUS

1. ちびっこ向けの交通ルールを題材にしたフランス盤。ジャケットに見える文字をパッと見て、「Petit jean」が「petit jam」かと見間違え、必ず二度見してしまいます（EP）／2. この盤で見られる絵と、描写がまったく異なるイラストのほか、人形による実写版でも展開。腹話術おばさん扮すlittle mercyはあどけない乙女風歌唱（LP）／3. 洋書絵本やレコードコレクターにも人気のGerard Gree,Alain Gree兄弟の描くイラストジャケットレコード。可愛い踊りシリーズ（EP）／4. 色々なタイプの時計が刻む秒針やベル音、歌も楽しめ、ジャケット裏面の紙時計で遊ぶことも！ とことん時計じかけ（LP）／5. フランスらしいセーラーボーイ。荒波をちびっ子達だけで操縦！ カラフルなジャケットはどこか楽しげなロリポップ号です（EP）

6. CHANSONS ENFANTINES N°6 /
Les Petits choristes De L'Ecole Jules Ferry

7. WICKIE LE VIKING /
Michel Barouille

8. Candy-Candy /
DOMINIQUE POULAIN

9. Heidi / Tony Schmitt

10. HEYA DONNA LAYA/
wonderland band

11. STRIKE UP THE BAND/
Arthur Malvin

6. ジャケットを開くと楽譜絵本になっていて家族で楽しめる人気シリーズ。60年代のフランスのちびっ子達は、このシリーズに親しみ育ったのでしょう。家族で合唱（EP）／7. 小さなバイキングビッケのフランス盤。日本のビッケの曲と同じ曲ではなく、テッズ、ロッカーズ調のストロール。かっこいい曲です（EP）／8. 生活スタイル描写が西洋的で、フランス人でさえフランス作品と勘違いしたという70年代日本アニメ。フランス語で歌われるとグッとオシャレ度UP！（EP）／9. 高らかな歌声。まるで大自然にこだまするハイジの無邪気にはしゃぐ姿と、おじいさんと暮らした可愛い山小屋の風景を思い浮かべます（EP）／10. おや？ 夜中に密かな演奏会でしょうか？ ジャケットにも、見るからに楽しそうな雰囲気が上手に反映されています（EP）／11. ちびっ子向けとは思えない配色で媚びないジャケットのデザイン性は高く、さすがは遠き日の外国。黒がベースのデザインは、ほかの色が映えてハッとなります（EP）

1. FILIPINKI-TO M Y / FILIPINKI

2. Mein Esel Benjamin

3. you don't have to be a baby to cry / the caravelles

4. Mon Oncle / Jaques TATI

5. The Best Of Patience and Prudence / Patience & Prudence

1. 60年代ポーランドの少女達が展開する、明るく溌剌なコーラスに元気をもらえます。楽曲、ジャケット写真に至るまで、雑貨な世界観満載です (CD) ／ 2. 地中海の島に暮らすスージーちゃんとロバのベンジャミン。書籍版でも優しい気分を味わえた様にこのCDにはその愛らしい世界観を曲と小話でも楽しめます (CD) ／ 3. 60年代イギリス。可憐な女性2人の歌声は爽やかで清楚でドリーミー。浮遊感と雑貨観で、夢見心地な世界観を堪能できます (CD) ／ 4. 50年代フランス。ファッション、インテリア、音楽、物への意味の持たせ方、衣食住にみる雑貨観は、現在の雑貨概念の根幹になっているような映画です (Blu-ray) ／ 5. 50年代アメリカの豊かさと、あどけない少女2人によるウィスパーヴォイスは、明るく可憐に雑貨的。テイク違いも聴きごたえあります (CD)

JAMCOVER Original

About JAMCOVER

JAMCOVERは1995年に誕生し、ようやく20歳を迎えました。
はじめは、下北沢に小さな雑貨店をオープンしました。
たくさんの雑貨のアーティストさんと出会い、オリジナル雑貨を考えたり、お店のプロデュースをしたり、「petit jam」という子供服や雑貨のブランドを立ち上げました。
そして、古いスナックだった物件を、ボランティアさんと一緒に手作りでリノベーションした高崎店をオープン。
40坪あるのでペンキ塗りなども大変でした。「下北沢店」は馬喰町へ移転し「East Tokyo店」になりました。11坪のぎゅっと雑貨が詰まった空間になりました。

私たちは雑貨屋さんが大好き。そして、雑貨屋さんの定石をくつがえしたがりです。幸いに、そんな私たちの気持ちや覚悟を理解して下さるみなさんに支えてもらいました。何より評価や共感してくれるみなさんがいて下さることでお店は成り立ち続けることができております。
本当に、本当にありがとうございます。
さらに面白いお店でいること、サプライズを考えて実践していくことがみなさんへの恩返しなのだと思っております。
そして、ここからも進化しなくてはと肝に銘じております。

JAMCOVERではアトリエでデザイン、企画をしたオリジナルアイテムを作っています。アトリエで手作りしたり、食品などは外部とのコラボレーションもあります。寝ても覚めても雑貨のことばかり考えていて、こんな雑貨が作りたいと思ったものを作っています。
JAMOCVERの雑貨同様、ここからのJAMCOVERにもぜひお付き合いくださいませ。

20
JAM COVER ORIGINAL

20

Item:　スタンプポチ袋

20周年なので、張り切って絵柄を描いて、もっと張り切ってアトリエ用のスタンプを作りました。クラフトのポチ袋に１枚ずつスタンプを押して作りました。スタンプはインクが濃くなったり、かすれたりするのが面白いです。

Item:　焼き菓子

20TH
ORIG
INAL

群馬県上野村の「上野村農協」さんにつくってもらっている焼き菓子。上野村の名物の十石みそを隠し味に入れてます。麦みそとバターを合わせると、チーズのような深い風味に。リピーターの多い、おいしいお菓子たちです。

134

20TH
ORIG
INAL

Item:　磁器のティーカップ

厚手でぷっくりとしているので保温性があります。日本茶や紅茶、コーヒーはもちろんですが、ヨーグルト、アイスクリームを盛っても。電子レンジや食洗機も使えます。

Item:　クロネコキノコ
イエローカレー

20TH
ORIG
INAL

「上野村農協」さんと作ったレトルトカレーです。20年も雑貨屋をやっていると、レトルトカレーも作れます（ホント？）。キノコたっぷりのマイルドかつスパイスが効いたカレーです。お店続けててよかったな。

Item: 洋２封筒２枚 set

20周年用に作った包装紙４柄で、洋２型の封筒を作りました。ハサミでちょきちょき、のりをペタペタして作った手作りの封筒です。宛名シールにアドレスを書いて、好きな場所に貼って下さい。

20TH
ORIG
INAL

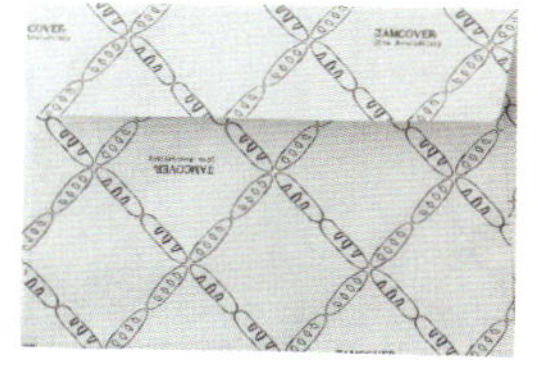

Item: 木のシリーズ
マグカップ

20TH
ORIG
INAL

群馬県上野村の「上野村森林組合」さんと作ったマグカップです。JAMCOVERらしいポップさと北欧風のシンプルさを合わせたデザイン。木はしおじとけやき。

20TH
ORIG
INAL

Item: キャニスター

コーヒー豆や茶葉、グラノーラを保管できるように密閉製の高いキャニスターを作りました。ネコちゃんやワンちゃんのおやつやドライフード入れにもオススメです。ラベルのところに中身を書いてくださいね。

Item:　木製のパンブローチ

JAMCOVERはオザワをはじめスタッフみんながパンモチーフが大好きです。想いを込めて色々なパンのブローチを作っています。食パン、クロワッサン、バゲット。もちろん手作りです。パン偏愛が止まりませんなぁ。

Item:　キャリング Bag

20周年展のノベルティにも登場したキャリングトートです。トリのモチーフをのせたアイテムとちょうちょ柄をポリエステルの軽くて頑丈なバッグにプリントしました。

20TH ORIGINAL

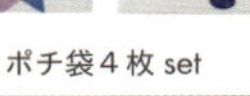

Item:　ポチ袋４枚 set

20TH ORIGINAL

20周年用に４柄デザインしました。カラフルなおもちゃ箱柄、パンでチェックを作った柄、コラージュを駆使したオシャレな柄、20周年の総柄の４種類の包装紙を使った柄ポチ袋です。４種各４枚入り。

20TH ORIGINAL

Item:　サーモボトル

飲み物が300ml入るサーモボトルです。プリントはグリーンとブルー。真空二重構造で冬は温かく、夏は冷たさをキープしてくれる優秀な子です。ストッパーがあるのでティーバッグや氷が飛び出さなくて実用的です。

20TH ORIG INAL

Item: 木のシリーズ プレートL

「上野村森林組合」さんと作った大きなプレート。パスタやカレー、もり合わせたワンプレートなどにちょうど良いサイズを普段使いしやすいように厚みを持たせ、ウレタンで加工しました。カジュアルに使えますよ。

20TH ORIG INAL

Item: 木のシリーズ プレートS

厚手で日常使いができるプレートを「上野村森林組合」さんと作りました。ケーキや目玉焼き、パンをのせるのにちょうど良いサイズです。可愛いものをのせると、可愛さが倍増するプレートです。

Item: グラノーラ

GANORIさんのチャイミックス味のグラノーラは、まるでスパイスチャイのような風味。和風ごぼう味はごぼうやごまが効いた香ばしいグラノーラです。どちらもおいしくて選べません！

Item: アイスコーヒー

秋田の「08COFFEE」さんが焙煎した豆を使って、抽出してもらった本格アイスコーヒーです。パッケージはダイカットのシールを作り手貼りしてます。4個、4面で1つの絵柄ができあがります。

20TH ORIG INAL

Item: フカフカのブローチ

アメリカの転写紙を使って生地に一個ずつプレス機で転写し、綿を入れてフカフカしたブローチを作りました。ひとつひとつ手仕事で、細い部分の綿入れが難しいけれど、上手に綿が入るとうれしいのです。ゾウのドーナツとかね。

Item: ヘアバンド

架空のちょうちょを手描きし、デザインした生地です。京都「聚落社」さんに手刷りしてもらった生地を使い、ヘアバンドを作りました。ちょうちょはJAMCOVERで人気の柄です。

Item: 陶器のブローチ

オリジナルの型を石膏で起こして作ったブローチです。これは一番初めに作ったシリーズ。JAMCOVER スタッフが指導を仰いでいる陶芸の師匠でもある「榛名陶芸工房」のりらさんに焼いてもらっています。

Item: ミニバッグ

面白い生地が入ると作るミニバッグ。だからオススメの柄ばかりです。お弁当を入れたり、サブバッグにしたり手軽に持てるサイズが人気です。

Item:　オリジナルビブ

下側をふっくらさせたオリジナルの型でビブを作っています。アメリカの生地や日本の生地で可愛いものを見つけたり、オリジナルの生地を作った際にいそいそと作っています。裏地はパイルで、洗濯もしやすいですよ。

Item:　木製ブローチ

木のブローチに１つ１つ手塗りして作っています。ブローチのつけ方のコツは２個、３個とストーリー性を持たせること。オリジナルの世界観ができるので、ぜひやってみて下さいね。

Item:　ペンケース
レジメンタル柄

ペンやえんぴつなど少しだけ持ち歩きたい人のために作った大人仕様です。サイズが細めで柄もスタイリッシュなレジメンタルストライプ。強者はメガネ入れにしてました。やるな。

Item:　ねずみラトル

大人だけどぬいぐるみやラトルが大好きです。このねずみの中には鈴が入っていて、耳と鼻はボンボンで、目はボタンになっています。ぬいぐるみが鳴るというのがお得な感じで、雑貨としてもオススメです。

Item: スカート足ポーチ

JAMCOVERで人気のスカート足シリーズのポーチです。スカートのウエスト部分がバネ口のポーチになっています。生地は京都の「聚落社」さん手刷りのオリジナル生地。エプロン部分のトーションレースもポイントです。

Item: オリジナルスタンプ

オザワのイラストのスタンプを作りました。国内で丁寧に作ってもらったので、細かい部分もとてもキレイに仕上がっています。木の部分はメープル材を使い、上品な可愛さを目指しました。

Item: プラ口金がまぐち かぶ柄

プラスチックの口金が懐かしいがまぐち。このデッドストックの生地は多分日本製なのですが、濃紺のカブと赤い葉っぱがちょっと東欧チック。べっこう風の口金もいいなぁ。

Item: ぷっくりがまぐち マッチ柄

ポーチ代わりにも使えるサイズです。乙女とおばあちゃまに人気。JAMCOVERスタッフは小さいサイズのがま口を大きなサイズのがま口にインして、お札と小銭を入れ分けて使っていて、なるほどと思いましたよ。

Item: 聚落社コラボ 洋２封筒

カラーの色画用紙を使った封筒です。フラップ部分の内側に京都の「聚落社」さんが友禅の手法で手刷りした和紙を貼りました。封筒をあけると見える仕掛けです。スイスのステーショナリーメーカー「ELCO」の古い封筒にこの手法があり、参考にしました。

Item: クラフト　折り紙

クラフトにカラーがプリントされた折り紙にオザワやチビッコ画伯の線画やモノクロのコラージュをプリントしました。総柄や風景のようなイラストはフレームに入れて飾っても可愛いですよ。

Item: ペーパーBOX

ハトロン紙にオリジナルデザインを孔版印刷し、その紙を貼って箱を作りました。しっかりとした貼り箱です。３サイズ積むと可愛いので、アクセサリーやステーショナリーの整頓にオススメですよ。

shop&information

HOME PAGE

http://www.jamcover.com

Twitter

https://twitter.com/jamcover_twitt

Face book (JAMCOVER)

https://www.facebook.com/jamcoverzakka

Face book (petitjam)

https://www.facebook.com/petitjam

Takasaki

East Tokyo

Takasaki

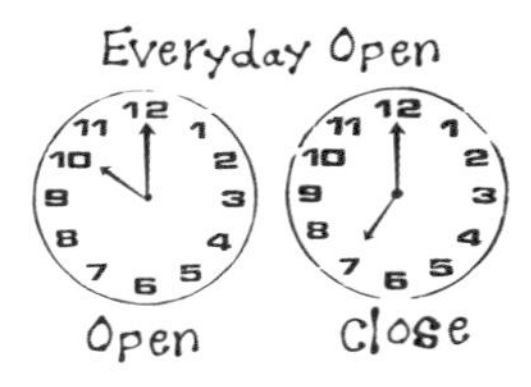

JAMCOVER
TAKASAKI
〒370-0884
群馬県高崎市八幡町
1362 1F
027-384-8498

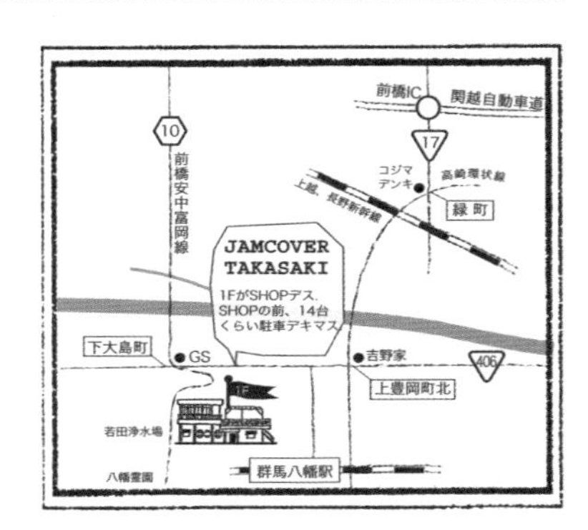

East Tokyo

JAMCOVER
East TOKYO
〒101-0031
東京都千代田区東神田
1-2-11
アガタ・竹澤ビル405号
03-3865-6056

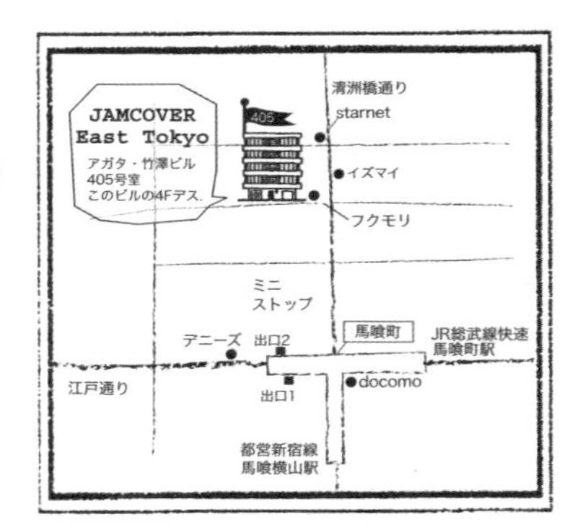

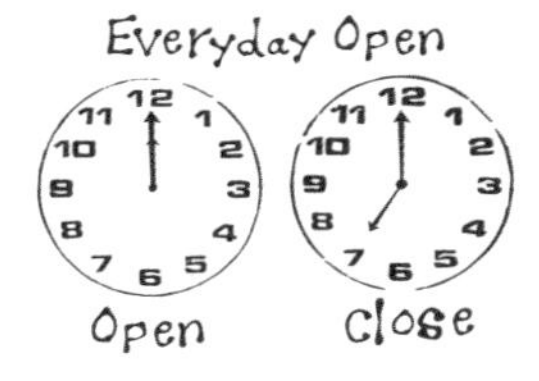

オザワリエ

手作りの作品制作や手仕事のテイストを大事にする雑貨店
JAMCOVER店主であり、雑貨感覚を大切にした作品を作る
デザイナー兼アーティスト。古いものや外国の雑貨が大好きで、
さまざまな雑貨のコレクターでもある。

Book project member:
Kanno（あくびレコード）／Himi（描き文字）／
Mashio／Kurishita／Hirata／Kubo
JAMCOVER SHOP STAFF

写　真： 柳沢径孝
デザイン： サトウサンカイ
編　集： 村上妃佐子（アノニマ・スタジオ）

JAMCOVERの雑貨とおやつ

2016年1月23日　初版第1刷 発行

著　者： オザワリエ
発行人： 前田哲次
編集人： 谷口博文

アノニマ・スタジオ
〒111-0051
東京都台東区蔵前2-14-14 2F
TEL 03-6699-1064
FAX 03-6699-1070

発　行： KTC中央出版
〒111-0051
東京都台東区蔵前2-14-14 2F

印刷・製本： 文化カラー印刷

ISBN 978-4-87758-746-8　C0095

アノニマ・スタジオは、
風や光のささやきに耳をすまし、
暮らしの中の小さな発見を大切にひろい集め、
日々ささやかなよろこびを見つける人と一緒に
本を作ってゆくスタジオです。
遠くに住む友人から届いた手紙のように、
何度も手にとって読み返したくなる本、
その本があるだけで、
自分の部屋があたたかく輝いて思えるような本を。